Neues verkehrswissenschaftliches Journal

Ausgabe 7

Direkte experimentelle Bestimmung der maximalen Leistungsfähigkeit bei Leistungsuntersuchungen im spurgeführten Verkehr

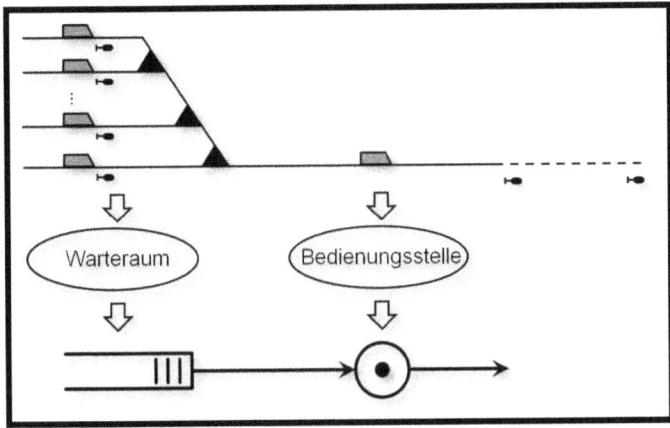

DFG – Forschungsvorhaben (MA 2326/6-1)

Prof. Dr.-Ing. Ullrich Martin

Dipl.-Math. Zifu Chu

Institut für Eisenbahn- und Verkehrswesen der Universität Stuttgart

© Verkehrswissenschaftliches Institut an der Universität Stuttgart e.V.,
Ullrich Martin, Zifu Chu

Titelbild: Ullrich Martin, Zifu Chu

Herstellung und Verlag: BoD - Books on Demand, Norderstedt

Printed in Germany

ISBN 978-3-7322-9805-1

Vorwort

Liebe Leserinnen und Leser,

im Jahr 2010 wurde der Antrag für eine Sachbeihilfe zu dem Thema „Direkte experimentelle Bestimmung der maximalen Leistungsfähigkeit bei Leistungsuntersuchungen im spurgeführten Verkehr" von der Deutschen Forschungsgemeinschaft (DFG) bewilligt. Das Ziel des 2012 abgeschlossenen Projekts bestand in der Weiterentwicklung der simulativen Methodik für Leistungsuntersuchungen im spurgeführten Verkehr, da entsprechend dem gegenwärtigen Stand der Forschung in diesem Bereich bei dem Anwender der Verfahren zur Leistungsuntersuchung sehr große Erfahrungen bei der Festlegung der Randbedingungen und Interpretation der Ergebnisse notwendig waren, um den formalen Anforderungen der Modelle gerecht zu werden.

Mit den Erkenntnissen des abgeschlossenen Forschungsprojektes können zufällige Fahrpläne unterschiedlicher Verdichtungsstufen algorithmisch so generiert werden, dass die Struktur des Betriebsprogramms beibehalten wird, ohne dass der Anwender zusätzlich eingreifen muss. Die Methode zur experimentellen Bestimmung der maximalen Leistungsfähigkeit wurde weiterentwickelt, so dass sich eine bessere Übereinstimmung zwischen dem Modell und der zu modellierenden Realität ergibt. Basierend auf der maximalen Leistungsfähigkeit und den Simulationsergebnissen zufälliger Fahrpläne mit gleichbleibender Betriebsprogrammstruktur wird die Wartezeitfunktion bestimmt, für die eine neue Modellfunktion mit signifikant höherer Anpassungsfähigkeit an die aus der Simulation stammenden Datenpunkte gefunden wurde. Infolgedessen repräsentiert die neu entwickelte Wartezeitfunktion die Simulationsergebnisse und damit auch die Realität exakter als im bisher verwendeten Modell, wodurch der optimale Leistungsbereich tendenziell stärker eingegrenzt wird und auch in der praktischen Anwendung eine deutlich größere Aussagekraft erhält.

Die Ergebnisse aus diesem Projekt spiegeln mit dem theoretischen Erkenntnisgewinn einen spürbaren Fortschritt bei der Anwendung simulativer Methoden im Rahmen von Leistungsuntersuchungen wider, der bei Integration in die entsprechenden Verfahren auch eine praxisbezogene Relevanz entfaltet.

Stuttgart, im Dezember 2013

Ullrich Martin, Zifu Chu

Inhaltsverzeichnis

Inhaltsverzeichnis 7
Abbildungsverzeichnis 10
Tabellenverzeichnis 12
1 Einleitung 13
2 Leistungsuntersuchung im spurgeführten Verkehr 15
2.1 Überblick 15
2.2 Grundbegriffe 15
2.3 Vorhandene Methoden 17
2.3.1 Überblick 17
2.3.2 Analytische Methode 17
2.3.3 Simulative Methode 18
3 Dynamisierung der Zeitscheiben für die Fahrplanverdichtung 21
3.1 Grundlagen 21
3.2 Bedingungen bei der Fahrplanverdichtung 21
3.3 Anwendungen von Zeitscheiben in Fahrplanverdichtungsalgorithmen 22
3.3.1 Einführung 22
3.3.2 Zufällige Züge einlegen 23
3.3.3 Fahrplan komprimieren 26
3.4 Dynamisierung von Zeitscheiben 27
3.4.1 Anlass 27
3.4.2 Dynamisierung der Zeitscheiben mit ganzzahliger Zugzahl 27
3.4.3 Dynamisierung der Zeitscheiben mit exakter Zugzahl 32
3.5 Schlussfolgerung und Empfehlung 34
4 Modellierung in simulativer Methode 35
4.1 Überblick 35
4.2 Modellierung mit Bedienungssystemen 35
4.2.1 Bedienungssystem 35
4.2.2 Modellierung 36
4.3 Schlussfolgerung 43
5 Die Maximale Leistungsfähigkeit 44
5.1 Überblick 44
5.2 Vorhandene Verfahren 44
5.2.1 Analytisches Verfahren 44

5.2.2	Simulatives Verfahren	45
5.3	Neues Verfahren mit simulativer Methode	50
5.3.1	Grundidee	50
5.3.2	Ablauf des Verfahrens	51
5.3.3	Methode zur Erkennung des Abweichungspunkts	52
5.3.4	Genauigkeit der Methode	55
5.3.5	Anzahl der benötigten Fahrplanverdichtungen	62
5.4	Schlussfolgerung	63
6	Modellierung der Wartezeitfunktion	64
6.1	Überblick	64
6.2	Vorhandene Modellfunktion	64
6.2.1	Mathematischer Hintergrund	64
6.2.2	Modellfunktion mit zwei Parametern	65
6.2.3	Nachteile der vorhandenen Modellfunktion	65
6.3	Neue Modellfunktion	66
6.3.1	Überblick	66
6.3.2	Modellfunktionen direkt mit elementaren Funktionen	67
6.3.3	Modellfunktion mit drei Parametern	71
6.3.4	Approximationsmethode	73
6.3.5	Vergleich der Anpassungsfähigkeit der Modellfunktionen an weitere Daten	78
6.4	Benötigte Anzahl der Datenpunkte	84
6.5	Schlussfolgerung und Empfehlungen	88
7	Zusammenfassung	89
8	Anhang I: Simulationsbeispiele	91
8.1	Überblick	91
8.2	Beispiel 1	92
8.2.1	Infrastruktur und Betriebsprogramm	92
8.2.2	Die maximale Leistungsfähigkeit	93
8.2.3	Wartezeitfunktion	94
8.3	Beispiel 2	95
8.3.1	Infrastruktur und Betriebsprogramm	95
8.3.2	Die maximale Leistungsfähigkeit	96
8.3.3	Wartezeitfunktion	97
8.4	Beispiel 3	98
8.4.1	Infrastruktur und Betriebsprogramm	98

8.4.2	Die maximale Leistungsfähigkeit	99
8.4.3	Wartezeitfunktion	100
8.5	Beispiel 4	101
8.5.1	Infrastruktur und Betriebsprogramm	101
8.5.2	Die maximale Leistungsfähigkeit	102
8.5.3	Wartezeitfunktion	103
8.6	Beispiel 5	104
8.6.1	Infrastruktur und Betriebsprogramm	104
8.6.2	Die maximale Leistungsfähigkeit	105
8.6.3	Wartezeitfunktion	106
9	Anhang II: Analyse von Teilfahrstraßenknoten bei Leistungsuntersuchungen	108
9.1	Annahmen bei Leistungsuntersuchungen mit analytischen Verfahren	108
9.2	Probleme bei Leistungsuntersuchungen auf der Grundlage von TFK	109
9.3	Schlussfolgerung	113
Formelzeichen		114
Literaturverzeichnis		117

Abbildungsverzeichnis

Abbildung 1: Zusammenhang zwischen verschiedenen Leistungsfähigkeiten 17
Abbildung 2: Fahrplanverdichtungsalgorithmus "Zufällige Züge einlegen" 24
Abbildung 3: Vergleich der Varianz der Zugzahl bei verschiedenen Zeitscheiben 25
Abbildung 4: Fahrplanverdichtungsalgorithmus "Fahrplan komprimieren" 26
Abbildung 5: Beispiel des Fahrplanverdichtungsalgorithmus "Dynamisierung der Zeitscheibe mit ganzzahliger Zugzahl " 28
Abbildung 6: Vergleich der Varianz der Zugzahl bei verschiedenen Fahrplanverdichtungsalgorithmen 31
Abbildung 7: Beispiel des Fahrplanverdichtungsalgorithmus "Dynamisierung der Zeitscheibe mit exakter Zugzahl" 33
Abbildung 8: Wartesystem 35
Abbildung 9: Wartezeiten verschiedenen Bedienungsstellen 38
Abbildung 10: Modellierung in der simulativen Methode 39
Abbildung 11: Bestimmung der maximalen Leistungsfähigkeit mit maximaler Ausgangsbelastung 47
Abbildung 12: Verhältnis von Eingang- und Ausgangsbelastung 48
Abbildung 13: Abhängigkeit der Wartezeit vom Auswertezeitraum 49
Abbildung 14: Vorgehen zur Ermittlung der signifikante Abweichung von Eingangs- und Ausgangsbelastung 52
Abbildung 15: Kalibrierung zur maximalen Leistungsfähigkeit 55
Abbildung 16: Einfaches Modell für die Simulation 58
Abbildung 17: Vergleich der Ergebnisse (Differenz der Eingangs- und Ausgangsbelastung) zwischen Simulation und Analyse 59
Abbildung 18: Standardabweichung der Differenz der Eingangs- und Ausgangsbelastung bei verschiedenen Auslastungsgraden 60
Abbildung 19: Verteilung der Differenz von Eingangs- und Ausgangsbelastung bei hohem Auslastungsgrad 61
Abbildung 20: systematische Abweichungen zwischen beobachteten Datenpunkten und Modellfunktion (reales Stadtbahnnetz) 66
Abbildung 21: Polynom als Modellfunktion 68
Abbildung 22: Exponentialfunktionen als Modellfunktion 70
Abbildung 23: Modellfunktion mit drei Parametern 72
Abbildung 24: Vergleich der Anpassbarkeit der Modellfunktion mit/ohne robuste(r) Regression an die Datenpunkte 77

Abbildung 25: Abzweigstelle mit drei Zugtypen 78

Abbildung 26: Anpassung der Modellfunktionen im Beispiel Abzweigstelle 79

Abbildung 27: Beispiel 1 - Infrastruktur und Betriebsprogramm, Fernreisezüge 92

Abbildung 28: Beispiel 1 - Infrastruktur und Betriebsprogramm, Nahreisezüge 93

Abbildung 29: Beispiel 1 - Infrastruktur und Betriebsprogramm, Güterzüge 93

Abbildung 30: Maximale Leistungsfähigkeit – Beispiel 1 94

Abbildung 31: Wartezeitfunktion und optimaler Leistungsbereich – Beispiel 1 95

Abbildung 32: Betriebsprogramm - Beispiel 2 96

Abbildung 33: Maximale Leistungsfähigkeit – Beispiel 2 97

Abbildung 34: Wartezeitfunktion und optimaler Leistungsbereich – Beispiel 2 98

Abbildung 35: Linienplan - Beispiel 3 99

Abbildung 36: Maximale Leistungsfähigkeit – Beispiel 3 100

Abbildung 37: Wartezeitfunktion und optimaler Leistungsbereich – Beispiel 3 101

Abbildung 38: Linienplan - Beispiel 4 102

Abbildung 39: Maximale Leistungsfähigkeit – Beispiel 4 103

Abbildung 40: Wartezeitfunktion und optimaler Leistungsbereich – Beispiel 4 104

Abbildung 41: Infrastruktur - Beispiel 5 105

Abbildung 42: Maximale Leistungsfähigkeit – Beispiel 5 106

Abbildung 43: Wartezeitfunktion und optimaler Leistungsbereich – Beispiel 5 107

Abbildung 44: Abgrenzung der TFK nach dem Verfahren von [Vakhtel 2002] 110

Abbildung 45: Fahrtmöglichkeiten im TFK 111

Abbildung 46: TFK des Spurplans [DB Netz AG 2008] 112

Abbildung 47: Basisstrukturen des Spurplans 112

Tabellenverzeichnis

Tabelle 1:	Vergleich der Vor- und Nachteile verschiedener Fahrplanverdichtungsalgorithmen ... 34
Tabelle 2:	Vergleich des Bestimmtheitsmaßes (Polynome als Modellfunktion (6-4) und (6-5) mit der bisher verwendeten Modellfunktion (6-3)) ... 69
Tabelle 3:	Vergleich des Bestimmtheitsmaßes (Exponentialfunktionen als Modellfunktion (6-6) (6-7) mit der bisher verwendeten Modellfunktion (6-3)) ... 70
Tabelle 4:	Vergleich des Bestimmtheitsmaßes der Modellfunktionen mit zwei und drei Parametern ... 72
Tabelle 5:	Betriebsprogramm und Mindestzugfolgezeiten an der Abzweigstelle ... 79
Tabelle 6:	Bestimmtheitsmaß verschiedener Modellfunktionen beim Abzweigstelle-Beispiel ... 79
Tabelle 7:	Vergleich der Bestimmtheitsmaße der Modellfunktionen (Beispiel 1, punktförmig) ... 80
Tabelle 8:	Vergleich der Bestimmtheitsmaße der Modellfunktionen (Beispiel 2, linienförmig) ... 81
Tabelle 9:	Vergleich der Bestimmtheitsmaße der Modellfunktionen (Beispiel 3, netzförmig) ... 82
Tabelle 10:	Vergleich der Bestimmtheitsmaße der Modellfunktionen (Beispiel 4, netzförmig) ... 82
Tabelle 11:	Vergleich der Bestimmtheitsmaße der Modellfunktionen (Beispiel 5, groß Eisenbahnknoten) ... 83
Tabelle 12:	Überblick der Ergebnisse alle fünf Beispiele ... 91
Tabelle 13:	Überblick der Zugfahrten in Beispiel 5 ... 105

1 Einleitung

Infrastrukturen im spurgeführten Verkehr werden oftmals Jahrzehnte vor deren Inbetriebnahme geplant und müssen dennoch anforderungsgerecht für eine lange Nutzungszeit dimensioniert werden. Bereits bestehende Infrastrukturen sollen möglichst intensiv genutzt werden, ohne dass eine definierte Betriebsqualität unterschritten wird. Darüber hinaus ist mitunter die Frage zu beantworten, welche Betriebsqualität auf bestehenden Infrastrukturen bei Unterstellung eines bestimmten Betriebsprogrammes erreichbar ist. Da reale Betriebsversuche zur Beantwortung dieser Fragestellungen ausscheiden, werden Leistungsuntersuchungen durchgeführt, die oftmals auf Simulationen des Bahnbetriebs beruhen. Die Grundlage derartiger Leistungsuntersuchungen bildet die stetige, gegen die (theoretisch) maximale Leistungsfähigkeit strebende Wartezeitfunktion. Aus der Simulation ergeben sich aufgrund der betrieblichen Behinderungen zwischen den Zügen einzelne diskrete Punkte der Wartezeitfunktion für die betrachteten Belastungsstufen. Aus diesen Stützstellen wird die Wartezeitfunktion approximiert. Eine wichtige Voraussetzung für die Approximation ist die Bestimmung der maximalen Leistungsfähigkeit.

Vor etwa 20 Jahren entwickelten [Hertel 1992] und [Ludwig 1990] ein Verfahren auf der Grundlage der Wartezeitfunktion für die praktischen Leistungsuntersuchungen (Bestimmung des optimalen Leistungsbereiches) auf zweigleisigen Eisenbahnstrecken. Der Ansatz erwies sich zunächst als sehr aufwändig, wurde mit dem Fortschreiten der Rechentechnik aber zehn Jahre später für praktische Anwendungen aufgegriffen [Martin et al. 2007]. Seither wurde das Verfahren kontinuierlich weiterentwickelt. Andere Ansätze zur Leistungsuntersuchung, die aktuell weiterentwickelt werden ([Oetting 2005], [Schwanhäußer 2009]), beziehen betriebswirtschaftliche Kenngrößen unmittelbar in die Bewertung mit ein. Dies ist aber problematisch, da die benötigten wirtschaftlichen Kenngrößen häufig nicht bekannt sind, und falls doch, sich die (betriebs-) wirtschaftlichen Rahmenbedingungen verhältnismäßig kurzfristig ändern können und dadurch eine kontinuierliche Anpassung der Kosten- und Wertansätze erforderlich wird, was die Ergebnisse dieser Verfahren zu „Augenblicksaufnahmen" macht. Das Verfahren, das in der vorliegenden Arbeit weiterentwickelt wird, erfordert dagegen eine relativ kleine Datengrundlage und ist stabil gegenüber kurzfristigen wirtschaftlichen Einflüssen.

Die Grenzen bzw. eingeschränkte Tauglichkeit des international von der UIC (Union internationale des chemins de fer, Internationaler Eisenbahnverband) empfohlenen analytischen Kompressionsverfahrens (UIC 2004) wurde bereits durch (Lindner 2009) gezeigt.

Das Forschungsergebnis von [Schmidt 2009] ist dagegen eine Weiterentwicklung des Ansatzes für Leistungsuntersuchungen von [Hertel 1992] und nachfolgende, unter Anwendung eines logarithmischen Approximationsansatzes zur Bestimmung der Wartezeitfunktion, mit einer neuartigen Idee zur Festlegung der maximalen Leistungsfähigkeit sowie wichtigen Erkenntnissen zur Verdichtung des Betriebsprogramms bei der Erzeugung unterschiedlicher Belastungsstufen.

Jedoch waren folgende wichtige Punkte bislang noch nicht befriedigend geklärt:

- Welche sind die notwendigen Bedingungen bei der Generierung der zufälligen Fahrpläne? Wie sind sie einzuhalten?
- Wie ist die Methode zur Bestimmung der maximalen Leistungsfähigkeit zu entwerfen, damit eine vorgegebene Genauigkeit kontrollierbar erreicht werden kann?
- Wie ist die Modellfunktion der Wartezeitfunktion zu konstruieren, damit die systematische Abweichung zwischen der bisher verwendeten Wartezeitfunktion und den Datenpunkten aus der Simulation beseitigt werden kann?

Durch die Beantwortung dieser und weiterer offener Fragen stellt die vorliegende Arbeit eine signifikante Weiterentwicklung der simulativen Methode dar.

Im Rahmen dieses, durch die Deutsche Forschungsgemeinschaft unter dem Förderkennzeichen „MA 2326/6-1" geförderten Projekts wurde der Algorithmus für die Fahrplangenerierung systematisch untersucht und ein neuer Algorithmus entworfen, um die notwendigen Bedingungen zur Beibehaltung der Struktur des Betriebsprogrammes bei der Generierung der zufälligen Fahrpläne zu erfüllen (Arbeitspaket 1, Kapitel 3). Darüber hinaus wurde eine simulative Methode zur experimentellen Bestimmung der maximalen Leistungsfähigkeit entwickelt, deren Genauigkeit hinreichend und nachvollziehbar gewährleistet werden kann (Arbeitspaket 2, Kapitel 5). Darauf basierend wurde die Modellfunktion der Wartezeitfunktion weiter untersucht und eine passende Approximationsmethode gefunden, durch die das korrigierte Bestimmtheitsmaß der neuen Modellfunktion verbessert worden ist (Arbeitspaket 3 und 4, Kapitel 6). Diese Ergebnisse verleihen dem mit der simulativen Methode ermittelten optimalen Leistungsbereich in der praktischen Anwendung eine deutlich größere Aussagekraft.

Wichtige Erkenntnisse der vorliegenden Forschungsarbeit wurden bereits in der Fachpresse publiziert [Chu & Martin 2012] und auf einem Fachkongress [Chu 2013] vorgestellt.

2 Leistungsuntersuchung im spurgeführten Verkehr

2.1 Überblick

In diesem Kapitel werden die Grundbegriffe sowie die zwei üblichen Untersuchungsmethoden (analytische und simulative Methode) der Leistungsuntersuchungen in der Eisenbahnbetriebswissenschaft zusammengefasst. Zunächst werden in Abschnitt 2.2 die Grundbegriffe der Leistungsuntersuchung erklärt. Abschnitt 2.3 gibt einen Überblick über die beiden üblichen Methoden zur Leistungsuntersuchung.

2.2 Grundbegriffe

In der Eisenbahnbetriebswissenschaft sind die Betriebsleistung und die (Betriebs-) Qualität zwei wichtige Kenngrößen, die sich gegenseitig beeinflussen. Im Allgemeinen ist die Betriebsleistung umgekehrt proportional zur Qualität. Da die Betriebsleistung oft durch die Anzahl der fahrenden Züge und die Qualität oft durch die Wartezeit (Folgeverspätung) repräsentiert wird, trifft die folgende Aussage auf den realen Betrieb zu: Je mehr Züge im System fahren, desto schlechter wird die Qualität, da sich die Zugfahrten zunehmend gegenseitig beeinflussen. Dieser Zusammenhang wird als Leistungsverhalten bezeichnet. Je nach Auslegung der Infrastruktur sowie Variation des Betriebsprogramms (Fahrplan) ändert sich das Leistungsverhalten. Abhängig von den verschiedenen Zwecken werden unterschiedliche Leistungsfähigkeiten in Literaturen definiert. Ohne genaue Definition der Relationen dieser Begriffe, gestaltet sich eine methodische Betrachtung schwierig. Deshalb werden nachfolgend wichtige Begriffe im Kontext dieser Arbeit definiert:

- Die **Leistungsanforderung / Belastung** bedeutet die „Anzahl der Zugtrassen oder Zuglagen im Untersuchungszeitraum, die für Leistungsuntersuchungen im Betrachtungsraum zu berücksichtigen sind." [DB Netz AG 2008]
- Die **praktische Leistungsfähigkeit** ist nach [DB Netz AG 2008] „die unter Einhaltung bestimmter Qualitätsgrenzen ermittelte fahrbare Zugzahl"
- Die **theoretische Leistungsfähigkeit** wird in [DB Netz AG 2008] definiert als „die in einem Netzelement durch die Organisation des Zugbetriebes im Prozess der Fahrplanerstellung auf dessen betrieblicher Infrastruktur maximal verarbeitbare Anzahl von Zug- und Rangierbewegungen in einem bestimmten Untersuchungszeitraum, wobei das Verhältnis der Zugfolgefälle untereinander dem der Ermittlung unterstellten Belastung entspricht."
- Die **Nennleistung**, wie sie in [DB Netz AG 2008] definiert ist, „ist die in einem Netzelement durch die Organisation des Zugbetriebes auf dessen betrieblicher Infrastruk-

tur, bei vorgegebener Struktur des Betriebsprogramms, während des Betriebsablaufes mit einer definierten Qualität und bei wirtschaftlich optimaler Auslastung unter Wahrung von aufgaben- und streckenstandardspezifischen Nutzungsvorgaben verarbeitbare Anzahl von Zug- und Rangierbewegungen in einem bestimmten Untersuchungszeitraum, wobei das Verhältnis der Zugfolgefälle untereinander dem der Ermittlung unterstellten Belastung entspricht." Diese Definition und die Definition von [Jochim 1999] stimmen überein.

- Unter **Nutzungsgrad / Auslastungsgrad** einer Ziel- bzw. Grenz-Leistungsfähigkeit versteht man den tatsächlich genutzten Anteil der Ziel- bzw. Grenz-Leistungsfähigkeit. (In [DB Netz AG 2008] entspricht der Nutzungsgrad der Nennleistung „dem durch die Leistungsanforderungen genutzten Anteil der Nennleistung.")

- Die **maximale Leistungsfähigkeit** ist ein theoretischer Wert und hat keinen Qualitätsbezug, der im Betriebsablauf unbegrenzte Stauerscheinungen zulässt. Sie entspricht dem „Vermögen [einer Betriebsanlage], eine bestimmte Leistung unter Annahme unbeschränkter Leistungsanforderungen mit einer gegebenen Struktur (z. B. Zugmix) zu erzielen." [Arbeitsgruppe "Leistungsuntersuchungen Bahnanlagen" 1994]

- Der **Leistungsbereich** stellt nach [DB Netz AG 2008] den Bereich dar, „in dem für Leistungsanforderungen eine ausreichende Wirtschaftlichkeit und eine hinreichende Qualität erwartet werden kann".

- Unter dem **optimalen Leistungsbereich** wird der Bereich der Belastung verstanden, der zwischen dem Minimum der relativen Empfindlichkeit der Wartezeiten und dem Maximum der Beförderungsenergie liegt. [Arbeitsgruppe "Leistungsuntersuchungen Bahnanlagen" 1994].

Durch die Abbildung 1 wird der Zusammenhang zwischen den verschiedenen Leistungsfähigkeiten sowie dem optimalen Leistungsbereich schematisch veranschaulicht.

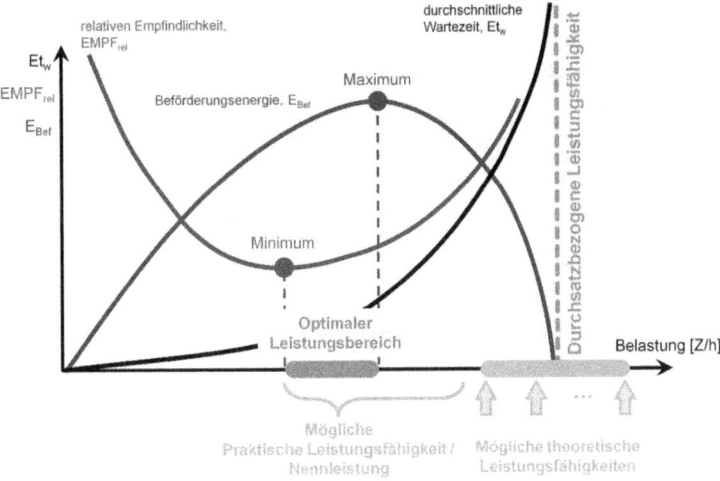

Abbildung 1: Zusammenhang zwischen verschiedenen Leistungsfähigkeiten

Alle diese Kenngrößen sind keine Eigenschaften der Eisenbahninfrastruktur, sondern hängen auch von einem vorgegebenen Betriebsprogramm, der anzuwendenden Dispositionsstrategie, sowie der einzuhaltenden Qualitätsgrenze ab. Sie sind mit unterschiedlichen Verfahren abzustimmen, welche in den folgenden Abschnitten dargestellt werden.

2.3 Vorhandene Methoden

2.3.1 Überblick

Für Bewertungen im Rahmen von Leistungsuntersuchungen werden insbesondere die Wartezeiten (planmäßige und/oder außerplanmäßige Wartezeit) als Eingangsdaten genutzt. Demzufolge verfolgen die bereits vorhandenen verschiedenen Methoden der Leistungsuntersuchungen das Ziel, die Wartezeiten zu ermitteln. In der vorliegenden Arbeit wird die simulative Methode nach [Hertel 1992] weiterentwickelt. Ihr liegt eine Modellierung des Eisenbahnbetriebs zugrunde, die auf Erkenntnissen aus analytischen Ansätzen aufbaut und diese direkt in die Modellbildung einbezieht. Im folgenden Abschnitt werden deshalb auch die simulative und analytische Methode zusammengefasst dargestellt.

2.3.2 Analytische Methode

In der Eisenbahnbetriebswissenschaft ermöglicht die analytische Methode zur Ermittlung der Wartezeit bei Leistungsuntersuchungen eine analytisch funktionale Beziehung zwischen Auslastung und Wartezeit (Qualität) – die Wartezeitfunktion – abzuleiten. Die funktionale

Beziehung ergibt sich grundsätzlich aus der mathematischen Modellierung der Infrastruktur und des Betriebsprogramms. Ein oft verwendeter Ansatz zur Modellierung ist das Bediensystem aus der Bedienungstheorie (z.B. [Potthoff 1969] und [Schwanhäußer 1978]).

Im ersten Schritt der Modellierung wird die Infrastruktur in **Teilfahrstraßenknoten** (TFK) aufgeteilt, die so abgegrenzt werden, dass sich in ihnen jeweils alle Fahrten eines Fahrtenfolgefalls gegenseitig ausschließen [DB Netz AG 2008]. Unter der Annahme, dass jeder TFK unabhängig von anderen TFK ist, erfüllt jeder TFK dann die Eigenschaften eines Bediensystems. Bei komplexen Infrastrukturen (Bahnhofsköpfe) werden die Weichenzonen (mehrere TFK) als **Gesamtfahrstraßenknoten** (GFK) bezeichnet. Der Gesamtfahrstraßenknoten ist ebenfalls mit einem speziellen Bediensystem (multiresource queue [Nießen 2008]) zu modellieren.

Danach sind die Anforderungs- und Bedienprozesse mit dem vorgegebenen Betriebsprogramm (Fahrplan) festzulegen. Der durchschnittliche Ankunftsabstand ergibt sich aus dem Quotienten zwischen dem gesamten Untersuchungszeitraum und der gesamten Zugzahl. Zur Bestimmung des Bedienprozesses werden alle Zugfolgenfälle eines TFKs berücksichtigt. Die Mindestzugfolgezeiten werden als Bedienungszeit betrachtet.

Wenn die Eigenschaften des modellierten Bediensystems (z.B. Anforderungs- und Bedienprozess) bekannt sind, kann die maximale Leistungsfähigkeit sowie die funktionale Beziehung zwischen Auslastung und Wartezeit analytisch abgeleitet werden.

2.3.3 Simulative Methode

Die simulative Methode basiert, wie der Name schon sagt, auf Simulation. Aus den Simulationsergebnissen können verschiedene Kenngrößen ermittelt werden. Ursprünglich konnten mit der simulativen Methode nur punktuelle Aussagen zwischen der Auslastung und der Wartezeit geliefert werden. Mithilfe der Modellfunktion für die Wartezeitfunktion ([Hertel 1992] und [Ludwig 1990]) und der Monte-Carlo-Methode kann die funktionale Beziehung zwischen den einzelnen, aus der Simulation ermittelten Punkten mittels Regressionsanalyse bestimmt [Schmidt 2009] werden.

In der simulativen Methode muss das Simulationsmodell zur Untersuchung eines Infrastrukturabschnitts zuerst die Infrastruktur in geeigneter Form abbilden und auch alle Modellzugeigenschaften enthalten. Des Weiteren ist die Definition des Betriebsprogramms (Modellzugeigenschaften und Zugmix) bzw. eines (Eingangs-) Fahrplans grundlegend. Dieses enthält alle Zuglaufgruppen[1] und ihre Häufigkeitsverteilung.

Im nächsten Schritt sind die Fahrpläne mit verschiedenen Verdichtungsstufen[2] als Stichproben zu generieren. Diese werden als Fahrplanverdichtungen bezeichnet. Die Fahrplanverdichtungen können konfliktbehaftet sein. Dadurch wird der reale Betrieb mit unterschiedlichen Störungen abgebildet. Danach wird die Simulation der generierten Fahrpläne durch ein entsprechendes Simulationswerkzeug (z.B. RailSys [RMCon 2005], LUKS [Janecek et al. 2010]) durchgeführt. Die gegenseitigen Wirkungen zwischen den Zügen in Form von Behinderungen bzw. nicht mehr vorhandenen Behinderungen werden in der Simulation protokolliert. Anhand des Simulationsprotokolls können die wichtigen Zwischenergebnisse (z.B. Beförderungszeiten, Eingangs- und Ausgangsbelastung sowie die Wartezeiten) ausgewertet werden. Nach der Methode von [Schmidt 2009] ist die maximale Leistungsfähigkeit durch das Verhalten zwischen Eingangs- und Ausgangsbelastung zu bestimmen (siehe Abschnitt 5.2.2). Schließlich wird die Wartezeitfunktion

$$ETw(\eta) = \frac{a \cdot \eta}{(1-\eta)^b}$$ (2-1)

wobei

- ETw: Wartezeitfunktion,
- a, b: Parameter der Wartezeitfunktion,
- η: Auslastungsgrad

bezeichnet.

durch Approximationsverfahren aus den punktuellen Daten der Auslastung (Quotient der Eingangsbelastung und der maximalen Leistungsfähigkeit) und der Qualität (Wartezeiten) bestimmt. Aus der stetigen, monoton steigenden Wartezeitfunktion ist der optimale Leistungsbereich ermittelbar. Dabei wird der optimale Leistungsbereich durch das Minimum der Funktion „relative Empfindlichkeit"

---

[1] Die Zuglaufgruppe ist eine Menge von Zugfahrten, die sich grundsätzlich nur durch die Abfahrtszeiten unterscheiden. Die weiteren Eigenschaften der Zugfahrten einer Zuglaufgruppe z.B. die Stationsfolge, Fahr- und Haltezeiten und Fahrzeugeigenschaften sind identisch.

[2] Die Zugzahl des Eingangsfahrplans wird als Verdichtungsstufe 100% betrachtet.

$$S_{rel}(\eta) = \frac{ETw'(\eta)}{ETw(\eta)} \quad (2\text{-}2)$$

wobei

- $S_{rel}(\eta)$: relative Empfindlichkeit,
- $ETw(\eta)$: Wartezeitfunktion,
- $ETw'(\eta)$: Erste Ableitung der Wartezeitfunktion,
- η: Auslastungsgrad

bezeichnet

und durch das Maximum der Funktion „Beförderungsenergie"

$$B_{bef}(\eta) = \frac{\eta}{1 + \frac{ETw(\eta)}{ET_F}} \quad (2\text{-}3)$$

wobei

- $B_{bef}(\eta)$: relative Empfindlichkeit,
- $ETw(\eta)$: Wartezeitfunktion,
- ET_F: durchschnittliche Grundbeförderungszeit
- η: Auslastungsgrad

bezeichnet

begrenzt (siehe [Hertel 1992] und [Pachl 2011]).

3 Dynamisierung der Zeitscheiben für die Fahrplanverdichtung

3.1 Grundlagen

Für Leistungsuntersuchungen des Eisenbahnnetzes nach [Hertel 1992] und [Schmidt 2009] wird die Monte-Carlo-Methode eingesetzt (siehe Kapitel 2.3.3). Bei der Verwendung der Monte-Carlo-Methode ist eine geeignete Generierung der Stichprobe entscheidend. Einerseits müssen hinreichend zufällige Stichproben generiert werden und andererseits müssen die generierten Stichproben die Realität hinreichend abbilden.

3.2 Bedingungen bei der Fahrplanverdichtung

Basierend auf der Bedingung der Stichprobe für die Monte-Carlo-Methode, der Randbedingungen der Untersuchung sowie der allgemeinen Eigenschaften des Eisenbahnbetriebs werden drei zu erfüllende Bedingungen für die Fahrplanverdichtung in folgendem Abschnitt diskutiert.

Erstens müssen die generierten Fahrpläne (Stichproben) nach der Grundidee der Monte-Carlo-Algorithmen eine zufällige Komponente besitzen. Da andere Parameter, wie Fahrweg, Fahrzeugeigenschaften und Betriebsprogramm/Zugmix, zu Beginn der Leistungsuntersuchung schon festgelegt sind, ist die Zufälligkeit durch den Abfahrtszeitpunkt der Züge in den Fahrplänen zu realisieren. Hier dient die Zufälligkeit der Fahrpläne bzw. Abweichungen vom Eingangsfahrplan zur Nachbildung der außerplanmäßigen Störungen im Betrieb.

Zweitens ist das Betriebsprogramm (Zugmix) als ein wichtiger Eingangsparameter (Randbedingung) der Untersuchung in seiner Struktur weitgehend beizubehalten, da die Aussagen über das Leistungsverhalten unmittelbar an diesen Eingangsparameter gebunden sind. Eine signifikante Änderung des Zugmixes kann zu einem ganz anderen Leistungsverhalten führen. Es kann nicht gewährleistet werden, dass die Zugzahl in den Fahrplanverdichtungen mit verschiedenen Verdichtungsstufen immer ganzzahlig ist (z.B. 1 Zug/h * 150%). Jedoch darf in Simulationswerkzeugen nur eine ganzzahlige Anzahl von Zügen auftreten. Daher muss der gebrochene Anteil an Zügen in jeder Zuglaufgruppe im Fahrplanverdichtungsalgorithmus so angepasst werden, dass das Betriebsprogramm (Häufigkeitsverteilung der Zuglaufgruppe) nicht signifikant verändert wird. Ein allgemein anerkanntes Kriterium ist in diesem Zusammenhang, dass der Erwartungswert der generierten ganzzahligen Zugzahl der erwünschten Zugzahl der jeweiligen Fahrplanvariante entspricht. Außerdem ist die Varianz der Zugzahl möglichst klein zu halten.

Drittens ist der Takt im Fahrplan bedeutend. Es ist anzunehmen, dass die Züge – zumindest im Personenverkehr – in realen Fahrplänen oftmals getaktet verkehren, d.h. die Züge innerhalb einer Zuglaufgruppe fahren immer im gleichen Zeitabstand. In Leistungsuntersuchungen für langfristige Planungen ist nur selten ein genauer Fahrplan bekannt; außerdem müssen zufällige Störungen im Betrieb betrachtet werden. Deswegen wird weder ein Abfahrtszeitpunkt der Züge, noch ein Zeitabstand zwischen den Abfahrtszeitpunkten zweier Züge innerhalb einer Zuglaufgruppe festgelegt. Jedoch muss der Fahrplan in einer gewissen Ordnung einen Takt besitzen. Dabei spielt die Zeitscheibe, wie sie in PULEIV [Martin et al. 2008] definiert ist (siehe Abschnitt 3.3), eine entscheidende Rolle für das Ergebnis der Leistungsuntersuchung.

3.3   Anwendungen von Zeitscheiben in Fahrplanverdichtungsalgorithmen

3.3.1   Einführung

PULEIV (Programm zur Untersuchung des Leistungsverhaltens) ist eine vom Verkehrswissenschaftlichen Institut Stuttgart GmbH entwickelte Software [Martin et al. 2008]. Der Hauptzweck von PULEIV besteht darin, Leistungsuntersuchungen von Eisenbahninfrastrukturanlagen und insbesondere die Ermittlung des optimalen Leistungsbereichs zu vereinfachen. In PULEIV wird der Begriff „Fahrplanausschnitt" für die Aufteilung des Fahrplans verwendet. Für jede Untersuchung in PULEIV wird zuerst ein Fahrplanausschnitt festgelegt, damit das zu untersuchende Zeitintervall des Fahrplans klar definiert ist. Die „Zeitscheibe" in PULEIV wird für die gleichmäßige Verteilung der Abfahrtszeitpunkte jeder einzelnen Zuglaufgruppe bei der Fahrplanverdichtung verwendet. In diesem Zusammenhang ist der Begriff „Simulationszeitraum" von besonderer Bedeutung. Die generierten Fahrpläne enthalten nur die Zugfahrten im Simulationszeitraum (z.B. 00:00 – 06:00 Uhr). Die Länge des Simulationszeitraums muss mindestens der Länge des zu untersuchenden Zeitraums entsprechen.

Die Fahrplanverdichtung in PULEIV kann durch „Modellzug[3] kopieren" vorgenommen werden. Durch verschiedene Algorithmen wird jeder Modellzug einer Zuglaufgruppe mit unterschiedlichen Regeln mehrmals mit abweichenden Fahrplanlagen innerhalb des Simulationszeitraums kopiert. Die kopierten Züge einer Zuglaufgruppe unterscheiden sich somit nur durch die Abfahrtszeitpunkte. Im Folgenden werden zwei vorhandene Algorithmen zur Fahrplanverdichtung in PULEIV vorgestellt sowie die zugehörigen Vor- und Nachteile verglichen. Die beiden Algorithmen wirken jeweils auf die einzelne Zuglaufgruppe (unabhängig von den an-

---

[3] Der Modellzug einer Zuglaufgruppe bezieht sich auf den Zug der Zuglaufgruppe, der innerhalb des Fahrplanausschnittes zum frühesten Zeitpunkt abfährt.

deren Zuglaufgruppen im Betriebsprogramm). Somit können die beiden Algorithmen unabhängig von der Komplexität der Infrastruktur sowie des Betriebsprogramms angewendet werden.

3.3.2 Zufällige Züge einlegen

Ziel des Algorithmus ist es, die Abfahrtszeitpunkte der Züge zufällig so zu generieren, dass jeder Abfahrtszeitpunkt im Simulationszeitraum für jeden Zug gleich wahrscheinlich ist und die Abfahrtszeitpunkte der einzelnen Züge unabhängig voneinander sind.

Die Länge der Zeitscheibe ist vor der Verwendung des Algorithmus so vorzugeben, dass der vorher festgelegte Simulationszeitraum ganzzahlig durch die zu definierende Länge der Zeitscheibe teilbar ist. Um die Zugfahrten auf den Simulationszeitraum zu verteilen, wird dieser gleichmäßig in Zeitscheiben unterteilt. Anschließend wird jede Zeitscheibe mit Zugfahrten belegt, deren Anzahl der festgelegten Verdichtungsstufe bzw. der erwünschten Gesamtzugzahl entspricht. Die erwünschte Zugzahl in einer Zeitscheibe ergibt sich aus der Division der erwünschten Gesamtzugzahl durch die Anzahl der Zeitscheiben im Simulationszeitraum. Da in jeder Zeitscheibe nur eine ganzzahlige Anzahl Züge auftreten kann, wird die erwünschte Zugzahl in einem weiteren Schritt gerundet. Die Anzahl der Züge wird so gerundet, dass sich als Erwartungswert wiederum die erwünschte Zugzahl ergibt. Um dies zu gewährleisten wird eine Zufallszahl zwischen 0 und 1 generiert und mit dem Nachkommarest der erwünschten Zugzahl verglichen. Falls die Zufallszahl kleiner ist, wird die Zugzahl aufgerundet, sonst wird die Zugzahl abgerundet. Die Abfahrtszeiten der Züge werden anschließend zufällig mit einer Gleichverteilung innerhalb der Zeitscheibe festgelegt. In Abbildung 2 wird dieser Algorithmus veranschaulicht.

Dynamisierung der Zeitscheiben für die Fahrplanverdichtung

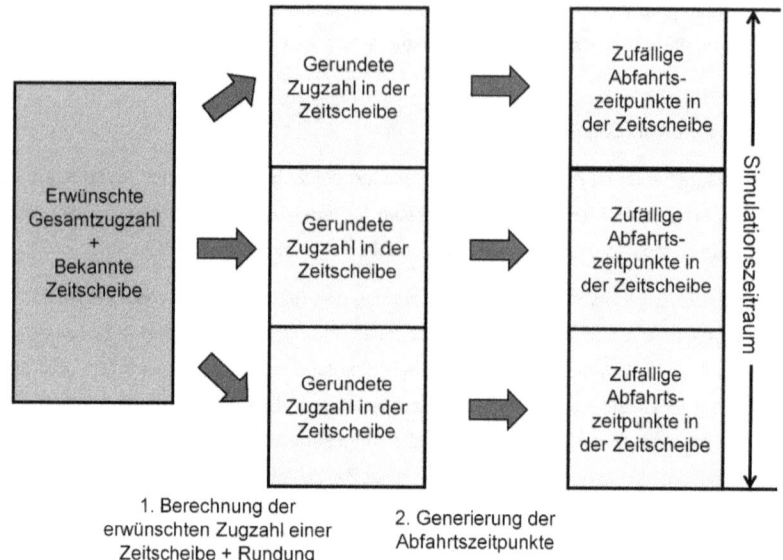

1. Berechnung der erwünschten Zugzahl einer Zeitscheibe + Rundung

2. Generierung der Abfahrtszeitpunkte

Abbildung 2: Fahrplanverdichtungsalgorithmus "Zufällige Züge einlegen"

Auf Grund der Gleichverteilung der Abfahrtszeitpunkte wird die Bedingung der „Zufälligkeit" (siehe Abschnitt 3.2) erfüllt. Um zu prüfen, ob das Betriebsprogramm beibehalten wurde, wird ein algorithmischer Test durchgeführt.

Es wird beispielhaft angenommen, der Simulationszeitraum erstreckt sich von 00:00 bis 06:00 Uhr. Alternativ werden Zeitscheiben von zwei und drei Stunden angewendet, um die Varianz der Zugzahl zu vergleichen. D.h. der Simulationszeitraum wird bei der Zeitscheibe von zwei Stunden in drei Zeitscheiben aufgeteilt, bei der Zeitscheibe von drei Stunden in zwei Zeitscheiben aufgeteilt. An dieser Stelle wird die Zugzahl nur für eine Zuglaufgruppe generiert, wobei die erwünschte Gesamtzugzahl von 0 bis 12 verläuft. Schließlich wird die Varianz der Zugzahl berechnet. Die Ergebnisse sind in Abbildung 3 dargestellt.

Die Varianzen der Zugzahl für die beiden Varianten der Zeitscheibe fangen bei null an. Steigt die erwünschte Gesamtzugzahl auf eins, erreicht die Varianz der Zugzahl mit der Zeitscheibe von drei Stunden ihr Maximum (= 0,5). Hierbei beträgt die erwünschte Zugzahl pro Zeitscheibe 0,5 Züge. Nach dem Algorithmus wird entweder ein oder null Züge in einer Zeitscheibe generiert. Demzufolge ergibt sich die Varianz der Zugzahl als:

$$2 \text{ (Zeitscheiben)} * ((1 - 0{,}5)^2 * 0{,}5 + (0{,}5 - 0)^2 * 0{,}5) = 0{,}5.$$

Für die Zeitscheibe von zwei Stunden erreicht die Varianz der Zugzahl ihr Maximum bei 1,5 erwünschter Gesamtzugzahl. Die Varianz ergibt sich aus:

3 (Zeitscheiben) * $((1 - 0,5)^2 * 0,5 + (0,5 - 0)^2 * 0,5) = 0,75$.

Bei zwei bzw. drei Zügen als erwünschte Gesamtzugzahl, die jeweils einem Zug in einer Zeitscheibe von drei und zwei Stunden entspricht, sinken die Varianzen der Zugzahl wieder auf null. Danach verlaufen die beiden Varianzen mit der Periode zwei bzw. drei Stunden.

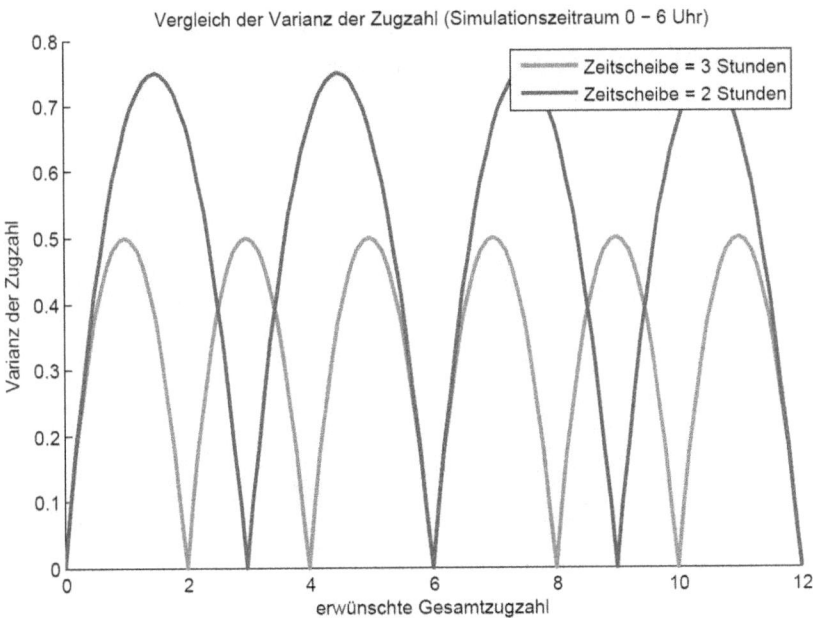

Abbildung 3: Vergleich der Varianz der Zugzahl bei verschiedenen Zeitscheiben

In der Abbildung 3 ist zu erkennen, dass die Varianzen der Zugzahl mit einer vorgegebenen Zeitscheibe (3 Stunden) nicht immer kleiner sind als mit der anderen Zeitscheibe (2 Stunden). Die kleinste Varianz der Zugzahl kann also nicht mit einer (willkürlich) vorgegebenen Zeitscheibe gewährleistet werden.

Die dritte Bedingung wird zum Einen durch die Gleichverteilung der Züge jeder Zuglaufgruppe in jeder Zeitscheibe über den Simulationszeitraum erfüllt. Andererseits wird der durchschnittliche Abstand der Abfahrtszeitpunkte zweier nacheinander fahrender Züge - mindestens innerhalb einer Zeitscheibe - nicht immer wie erwünscht gewährleistet. Ist die erwünschte Zugzahl einer Zeitscheibe beispielsweise 1,5, wird die Zugzahl nach dem Algorithmus entweder auf eins oder zwei festgelegt. Dies führt dazu, dass der durchschnittliche Abstand der Abfahrtszeitpunkte entweder „Länge der Zeitscheibe" / 2 oder „Länge der Zeitscheibe" wird. Jedoch beträgt der erwünschte durchschnittliche Abstand „Länge der Zeitscheibe" / 1,5.

3.3.3 Fahrplan komprimieren

Die Grundidee des Algorithmus ist die Verdichtung eines vorhandenen Fahrplans, der durch die Verkleinerung bzw. Vergrößerung der Zugfolgezeiten umgekehrt proportional zur Verdichtungsstufe realisiert wird. Um den Simulationszeitraum vollständig zu füllen, werden dazu ggf. mehrere komprimierte Zeitabschnitte hintereinandergereiht. Anschließend werden diese Zeitabschnitte nach dem Simulationszeitraum geschnitten. In Abbildung 4 wird dieser Algorithmus veranschaulicht.

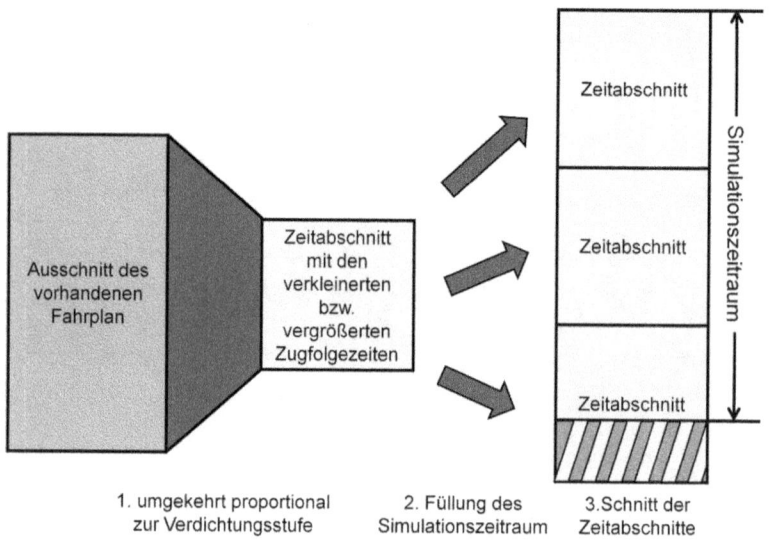

Abbildung 4: Fahrplanverdichtungsalgorithmus "Fahrplan komprimieren"

Dieser Algorithmus ist im Gegensatz zu „Zufällige Züge einlegen" deterministisch. Mit demselben Eingangsfahrplan ergibt sich mit derselben Verdichtungsstufe immer derselbe Fahrplan. Das bedeutet, dass die dadurch generieten Fahrpläne keine Zufälligkeit bzgl. des Eingangsfahrplans bzw. des vorgegebenen Betriebsprogramms besitzen. Wegen dieser Eigenschaft des Algorithmus (keine Zufälligkeit) wird das Betriebsprogramm so gut wie nie geändert und die generierten Fahrpläne sind streng getaktet. Dadurch werden zwar die zweite sowie die dritte Bedingungen aus Abschnitt 3.2 erfüllt – nicht jedoch die erste.

3.4 Dynamisierung von Zeitscheiben

3.4.1 Anlass

Mit einer (willkürlich) vorgegebenen Zeitscheibe (vgl. Abschnitt 3.3.2) wird das Betriebsprogramm bei einigen Fahrplanverdichtungen (z.B. Ganzzahl + 0,5 Züge/h in einer Zeitscheibe) mit großer Wahrscheinlichkeit verändert, weil die Varianz der Zugzahl jeder Zuglaufgruppe relativ groß ist. Um dieses Problem zu lösen, ist eine Dynamisierung der Zeitscheiben sinnvoll. Gleichzeitig sind die neuen Algorithmen für einzelne Zuglaufgruppen (unabhängig von den anderen Zuglaufgruppen) zu konstruieren, damit sie auf unterschiedliche Infrastrukturen bzw. Betriebsprogramme anwendbar sind.

3.4.2 Dynamisierung der Zeitscheiben mit ganzzahliger Zugzahl

Aus Abbildung 3 kann entnommen werden, dass die Varianz der Zugzahl einer Zuglaufgruppen von ganzzahlig n * Anzahl der Zeitscheiben bis $(n + 0,5)$ * Anzahl der Zeitscheiben ansteigt. Nach $(n + 0,5)$ * Anzahl der Zeitscheiben bis $(n +1)$ * Anzahl der Zeitscheiben sinkt die Varianz wieder ab. Bei jedem ganzzahligen n bleibt die Varianz Null. Demzufolge gilt, dass die große Varianz der Zugzahl bei der Fahrplanverdichtung auf die Nachkommazahl der Züge in der Zeitscheibe zurückzuführen ist. Ausgehend von dieser Erkenntnis ist ein Algorithmus erforderlich, der bei der Fahrplanverdichtung immer nur einen Zug in einer Zeitscheibe für eine Zuglaufgruppe generiert. Eine Möglichkeit ist, die Länge der Zeitscheibe nach der erwünschten Zugzahl dynamisch bestimmen zu lassen. Ein entsprechender Algorithmus lässt sich wie folgt spezifizieren:

1. Für jede Zuglaufgruppe wird die erwünschte Gesamtzugzahl mit der originalen Belastung aus dem Eingangsfahrplan, der Verdichtungsstufe sowie dem Simulationszeitraum festgelegt und gerundet.

2. Die Länge der Zeitscheibe, in der nur ein Abfahrtszeitpunkt der Zuglaufgruppe auftreten kann, wird anhand der Division des Simulationszeitraums durch die Gesamtzugzahl der Züge in einer Zuglaufgruppe ermittelt.

3. Für den jeweils einzigen Zug einer Zuglaufgruppe innerhalb jeder Zeitscheibe wird eine Zufallszahl als Abfahrtszeitpunkt generiert.

Als Ergebnis entstehen zuglaufgruppenspezifische Zeitscheiben. Abbildung 5 zeigt ein Beispiel zur Veranschaulichung des Algorithmus. Es wird für eine Zuglaufgruppe in einer Fahrplanverdichtung 0,4 Z/h erwünscht. Der Simulationsraum läuft von 00:00 bis 06:00. Somit beträgt die erwünschte Gesamtzugzahl 2,4. Nach dem Algorithmus wird eine Zufallszahl an dieser Stelle generiert. Falls sie kleiner als der Nachkommarest der erwünschten Gesamtzugzahl ist, wird die erwünschte Gesamtzugzahl aufgerundet, sonst, wie in Abbildung 5 gezeigt 0,7643 > 0,4, wird die erwünschte Gesamtzugzahl abgerundet, d.h. es werden tatsächlich zwei Züge für diese Zuglaufgruppe in dieser Fahrplanverdichtung generiert. Demzufolge ist die Zeitscheibe durch den Quotient der Länge des Simulationszeitraums und der Gesamtzugzahl als drei Stunden dynamisch festgelegt.

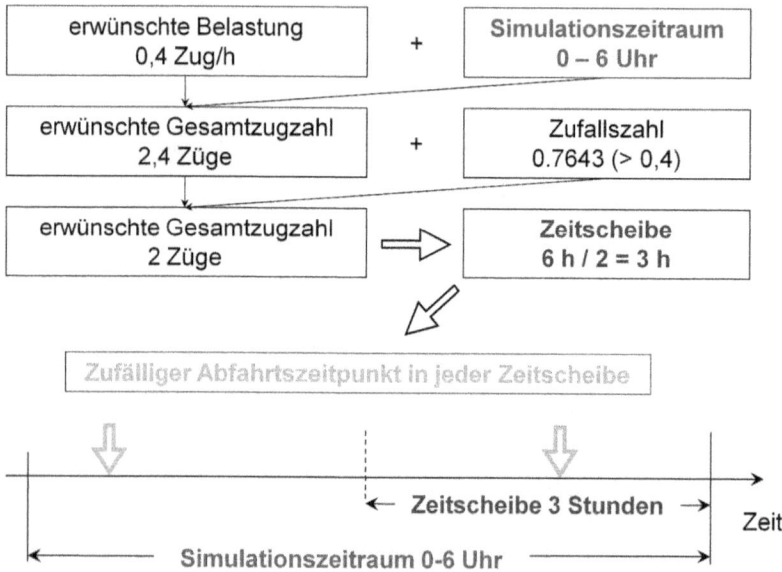

Abbildung 5: Beispiel des Fahrplanverdichtungsalgorithmus "Dynamisierung der Zeitscheibe mit ganzzahliger Zugzahl "

Mit diesem Algorithmus kann der Erwartungswert der Zugzahl wie „Zufällige Züge einlegen" (vgl. Abschnitt 3.3.2) gewährleistet werden. Die Varianz der Zugzahl einer Zuglaufgruppe ist immer kleiner gleich der Varianz von „Zufällige Züge einlegen". Nachfolgend ist der mathematische Nachweis dargestellt:

Varianz der Zugzahl von „Dynamisierung der Zeitscheiben"

$$\begin{aligned}&= V(X) \\ &= (n_G - \lfloor n_G \rfloor)^2 \cdot (\lceil n_G \rceil - n_G) + (\lceil n_G \rceil - n_G)^2 \cdot (n_G - \lfloor n_G \rfloor) \\ &= (n_G - \lfloor n_G \rfloor) \cdot (\lceil n_G \rceil - n_G)\end{aligned} \qquad (3\text{-}1)$$

wobei

- n_G die gesamte Zugzahl im Simulationszeitraum und
- „$\lfloor n \rfloor, \lceil n \rceil$" die Ab- und Aufrundung einer Zahl

bezeichnet.

Varianz der Zugzahl von „Zugfällige Züge einlegen"

$$\begin{aligned}&= V\left(\sum_{i=1}^{n_Z} X_i\right) = n_Z \cdot V_Z(X) \\ &= n_Z \cdot \left(\left(\frac{n_G}{n_Z} - \left\lfloor\frac{n_G}{n_Z}\right\rfloor\right)^2 \cdot \left(\left\lceil\frac{n_G}{n_Z}\right\rceil - \frac{n_G}{n_Z}\right) + \left(\left\lceil\frac{n_G}{n_Z}\right\rceil - \frac{n_G}{n_Z}\right)^2 \cdot \left(\frac{n_G}{n_Z} - \left\lfloor\frac{n_G}{n_Z}\right\rfloor\right)\right) \\ &= \frac{1}{n_Z} \cdot \left(n_G - n_Z \left\lfloor\frac{n_G}{n_Z}\right\rfloor\right) \cdot \left(n_Z \cdot \left\lceil\frac{n_G}{n_Z}\right\rceil - n_G\right)\end{aligned} \qquad (3\text{-}2)$$

wobei

- $V_Z(X)$ die Varianz der Zugzahl in einer Zeitscheibe,
- n_Z die Anzahl der Zeitscheiben im Simulationszeitraum,
- n_G die gesamte Zugzahl im Simulationszeitraum

bezeichnet.

Angenommen $n_G = n_1 \cdot n_Z + n_R$,

wobei

- $n_1 \in \{0, N\}$ die Anzahl der Züge in einer Zeitscheibe,
- $n_z \in \{0, N\}$ die Anzahl der Zeitscheiben,
- $n_R \in [0, n_Z)$, die restliche Züge

bezeichnet.

dann gilt, die Varianz der Zugzahl von „Zugfällige Züge einlegen"

$$= n_Z \cdot V_Z(X) = \frac{1}{n_Z} \cdot \left(n_G - n_Z \cdot \left\lfloor\frac{n_G}{n_Z}\right\rfloor\right) \cdot \left(n_Z \cdot \left\lceil\frac{n_G}{n_Z}\right\rceil - n_G\right)$$

$$= \frac{1}{n_Z} \cdot \left(n_1 \cdot n_Z + n_R - n_Z \cdot \left\lfloor\frac{n_1 \cdot n_Z + n_R}{n_Z}\right\rfloor\right) \cdot \left(n_Z \cdot \left\lceil\frac{n_1 \cdot n_Z + n_R}{n_Z}\right\rceil - (n_1 \cdot n_Z + n_R)\right)$$

$$= \frac{1}{n_Z} \cdot (n_1 \cdot n_Z + n_R - n_Z \cdot n_1) \cdot (n_Z \cdot (n_1 + 1) - (n_1 \cdot n_Z + n_R))$$

$$= \frac{1}{n_Z} \cdot n_R \cdot (n_Z - n_R),$$

wobei

- $V_Z(X)$ die Varianz der Zugzahl in einer Zeitscheibe bezeichnet.

Die gesamte Varianz $= n_Z \cdot V_Z(X)$ ist deshalb unabhängig von n_1.

Das bedeutet, dass $n_Z \cdot V_Z(X)$ eine periodische Funktion mit Periode von n_Z ist. Analog kann man beweisen, dass $V(X)$ eine periodische Funktion mit Periode von 1 ist. Deswegen ist noch zu zeigen, dass für $n_R \in [0, n_Z] n_Z \cdot V_Z(X) \geq V(X)$ gilt.

Falls $n_Z = 1$, dann $n_Z \cdot V_Z(X) = V(X)$.

Falls $n_Z \geq 2$,

weil $n_Z \cdot V_Z(X)$ auf $\left[0, \frac{n_Z}{2}\right]$ ansteigt und auf $\left[\frac{n_Z}{2}, n_Z\right]$ sinkt, reicht es zu zeigen, dass für $n_G \in [0,1] \cup [n_Z - 1, n_Z], n_Z \cdot V_Z(X) \geq V(X)$ gilt.

Wegen der Symmetrie von $n_Z \cdot V_Z(X)$ bezl. $\frac{n_Z}{2}$ ist dann noch zu zeigen, dass für $n_G \in [0,1]$, $n_Z \cdot V_Z(X) \geq V(X)$ gilt:

$$n_Z \cdot V_Z(X) - V(X)$$

$$= \frac{1}{n_Z} \cdot \left(n_G - n_Z \cdot \left\lfloor\frac{n_G}{n_Z}\right\rfloor\right) \cdot \left(n_Z \cdot \left\lceil\frac{n_G}{n_Z}\right\rceil - n_G\right) - (n_G - \lfloor n_G \rfloor) \cdot (\lceil n_G \rceil - n_G)$$

$$= \frac{1}{n_Z} \cdot (n_G - n_Z \cdot 0) \cdot (n_Z \cdot 1 - n_G) - (n_G - 0) \cdot (1 - n_G)$$

$$= n_G \cdot \left(1 - \frac{n_G}{n_Z}\right) - n_G \cdot (1 - n_G)$$

$$= n_G^2 (1 - \frac{1}{n_Z}) \geq 0$$

Demzufolge gilt die Aussage, dass die Varianz der Zugzahl von „Dynamisierung der Zeitscheiben" ≤ der Varianz der Zugzahl von „Zufällige Züge einlegen" ist.

In Abbildung 6 wird der Vergleich der Varianz der Zugzahl von beiden Algorithmen dargestellt.

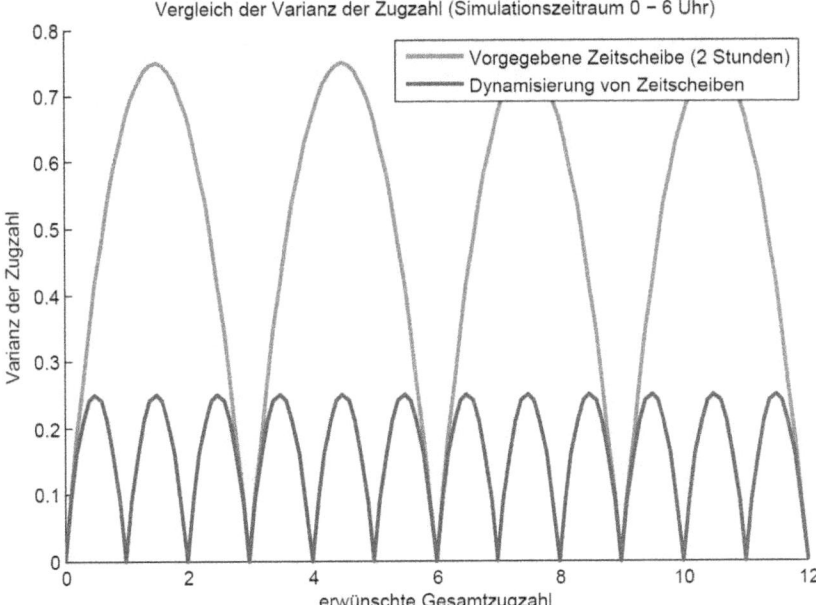

Abbildung 6: Vergleich der Varianz der Zugzahl bei verschiedenen Fahrplanverdichtungsalgorithmen

Nach Abschnitt 3.2 sind drei Bedingungen bei der Fahrplanverdichtung zu erfüllen. Die ersten zwei Bedingungen sind durch die Zufallszahl des Abfahrtszeitpunkts und die mathematische Ableitung der Varianz der Zugzahl erfüllt. Die dritte Bedingung kann aber analog zum „Zufällige Züge einlegen" nur teilweise erfüllt werden. Die Züge einer Zuglaufgruppe können in jeder Zeitscheibe gleichmäßig im Simulationszeitraum verteilt sein. Aber der durchschnittliche Abstand der Abfahrtszeitpunkte zweier nacheinander fahrender Züge wird nicht immer wie erwünscht gewährleistet. Ist die erwünschte Gesamtzugzahl einer Zuglaufgruppe beispielsweise 1,5, wird die Anzahl der Zeitscheiben nach dem Algorithmus entweder auf eins oder zwei festgesetzt. Das führt dazu, dass der durchschnittliche Abstand der Abfahrtszeitpunkte entweder „Länge der Simulationszeitraum" / 2 oder „Länge der Simulationszeitraum" wird. Jedoch beträgt der erwünschte durchschnittliche Abstand „Länge der Simulationszeitraum" / 1,5.

3.4.3 Dynamisierung der Zeitscheiben mit exakter Zugzahl

Im Abschnitt 3.4.2 wurde das Problem des durchschnittlichen Abstands der Abfahrtszeitpunkte zweier nacheinander fahrender Züge mit Rundung der Zugzahl angesprochen. Um dieses Problem zu lösen, ist die Rundung der Zugzahl zu umgehen. Gleichzeitig darf jedoch der Erwartungswert der Zugzahl nicht geändert werden. Die Rundung der Zugzahl dient dazu, dass bei Gewährleistung des Erwartungswerts der Zugzahl die Anzahl der Zeitscheiben ganzzahlig bestimmt werden kann. Ist die Rundung der Zugzahl zu vermeiden, wird es notwendig, die Anzahl der Zeitscheiben (auf-) zu runden. Ein entsprechender Algorithmus mit fünf Schritten wurde aufbauend auf dem Algorithmus aus Abschnitt 3.4.2 entwickelt:

1. Für jede Zuglaufgruppe wird die erwünschte Gesamtzugzahl mit der originalen Belastung, der Verdichtungsstufe und dem Simulationszeitraum als gebrochene Zahl festgelegt.

2. Die Länge der Zeitscheibe, in der nur ein Abfahrtszeitpunkt der Zuglaufgruppe auftreten kann, wird anhand der Division des Simulationszeitraums durch die exakte (nicht gerundete) Gesamtzugzahl der Züge in einer Zuglaufgruppe ermittelt. Hierbei wird die Länge der Zeitscheibe sekundengenau bestimmt.

3. Die Anzahl der Zeitscheiben ergibt sich aus der Aufrundung der Gesamtzugzahl.

4. In jeder Zeitscheibe wird eine Zufallszahl als der Abfahrtszeitpunkt des einzigen Zugs der betreffenden Zuglaufgruppe generiert.

5. Die Abfahrtszeitpunkte werden überprüft. Liegt ein Abfahrtszeitpunkt außerhalb des Simulationszeitraums, wird der entsprechende Zug entfernt.

In Abbildung 7 wird dasselbe Beispiel zur Veranschaulichung des Algorithmus dargestellt. Für eine Zuglaufgruppe in einer Fahrplanverdichtung sind 0,4 Z/h erwünscht. Der Simulationsraum läuft von 00:00 bis 06:00. Somit beträgt die erwünschte Gesamtzugzahl 2,4. Nach dem Algorithmus wird an dieser Stelle keine Zufallszahl generiert, sondern die Zeitscheibe wird direkt durch den Quotient der Länge des Simulationszeitraums und der erwünschten Gesamtzugzahl dynamisch festgelegt. Sie beträgt hier 6 h / 2,4 = 2,5 Stunden. Demzufolge ergibt sich die Anzahl der Zeitscheiben als 2,4. Nach der Aufrundung werden Züge in drei Zeitscheiben generiert (3 * 2,5 h = 7,5 h). Falls der letzte Zug später als 06:00 abfährt, wird er gelöscht.

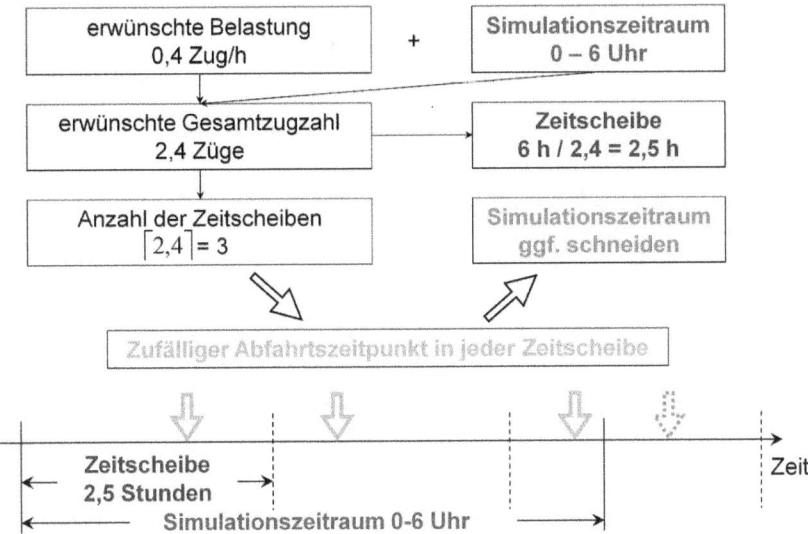

Abbildung 7: Beispiel des Fahrplanverdichtungsalgorithmus "Dynamisierung der Zeitscheibe mit exakter Zugzahl"

Die mit diesem Algorithmus generierten Fahrpläne erfüllen analog wie „Dynamisierung der Zeitscheiben mit ganzzahliger Zugzahl" (vgl. Abschnitt 3.4.2) die ersten zwei Bedingungen (Zufälligkeit und Beibehaltung des Betriebsprogramms) aus Abschnitt 3.2. Wegen des zweiten Schritts im dargestellten Algorithmus wird darüber hinaus auch das Problem des durchschnittlichen Abstands zwischen Abfahrtszeitpunkten gelöst, d. h. die dritte Bedingung wird erfüllt (Tabelle 1).

	Zufälligkeit	Beibehaltung des Betriebsprogramm	Takt in gewiesener Ordnung
Zufällige Züge einlegen (PULEIV- bisher)	+	o	o
Fahrplan komprimieren (PULEIV- bisher)	-	+	+
Dynamisierung der Zeitscheiben mit ganzzähliger Zugzahl (neuer Ansatz)	+	+	o
Dynamisierung der Zeitscheiben mit genauer Zugzahl (neuer Ansatz)	+	+	+

Tabelle 1: Vergleich der Vor- und Nachteile verschiedener Fahrplanverdichtungsalgorithmen

3.5 Schlussfolgerung und Empfehlung

Bei Leistungsuntersuchungen mit simulativen Methoden unter Nutzung von Monte-Carlo Algorithmen wird oft ein Betriebsprogramm (Zugeigenschaften und Zugmix) als Randbedingung vorgegeben. Dieses Betriebsprogramm wird dann im Verlauf der Leistungsuntersuchung verdichtet, und die dabei auftretenden Behinderungen der Zugfahrten untereinander werden erfasst. Da das Betriebsprogramm direkte Auswirkung auf das Untersuchungsergebnis hat, darf dessen Struktur bei der Verdichtung nicht signifikant geändert werden. Jedoch kann diese Randbedingung mit den vorhandenen Algorithmen bisher nur teilweise erfüllt werden. Deshalb wurden Algorithmen zur „Dynamisierung der Zeitscheiben" entwickelt, um die Struktur des Betriebsprogramms bei der Fahrplanverdichtung möglichst beizubehalten. Aufgrund der Art und Reihenfolge der Rundungsoperationen erfüllt nur die „Dynamisierung der Zeitscheiben mit exakter Zugzahl" sämtliche Bedingungen, die eine Beibehaltung der Struktur des Betriebsprogramms bei einer Verdichtung erfüllen. Somit wird empfohlen, bei weiteren Leistungsuntersuchungen unter Nutzung simulativer Methoden mit Monte Carlo Algorithmen zur Bestimmung der Wartezeitfunktion bzw. des optimalen Leistungsbereichs den Algorithmus „Dynamisierung der Zeitscheiben mit exakter Zugzahl" als Fahrplanverdichtungsalgorithmus zu verwenden.

4 Modellierung in simulativer Methode

4.1 Überblick

Im Kapitel 3 wurde bereits erwähnt, dass die Untersuchung des optimalen Leistungsbereichs auf einem Monte-Carlo Algorithmus basiert. Mit den Simulationsergebnissen (z.b. Eingangs- und Ausgangsbelastung sowie Wartezeit jedes Zugs) sind die maximale Leistungsfähigkeit und die Wartezeitfunktion für die Durchführung der Untersuchung abzustimmen. Dabei spielt die mathematische Modellierung (z.B. von Bedienungssystemen im Verkehrswesen [Potthoff 1969]) in den eisenbahnbetriebswissenschaftlichen Leistungsuntersuchungen eine wichtige Rolle. Kann der Eisenbahnbetrieb mit der Wahl eines geeigneten Bedienungssystems wirklichkeitsnäher modelliert werden, dann lassen sich auch die für Leistungsuntersuchungen grundlegende maximale Leistungsfähigkeit und Wartezeitfunktion exakter bestimmen, und die darauf aufbauenden Ergebnisse werden plausibler.

4.2 Modellierung mit Bedienungssystemen

4.2.1 Bedienungssystem

Durch folgende Komponenten (siehe Abbildung 8) wird ein Bedienungssystem gekennzeichnet:

- Ankunftsprozess der Anforderungen (A)
- Bedienungsprozess der Anforderungen (B)
- Anzahl der parallelen Bedienungsstellen (n)
- Anzahl der Warteplätze im Warteraum (S)
- Warteschlangendisziplin des Bedienungssystems (WD)

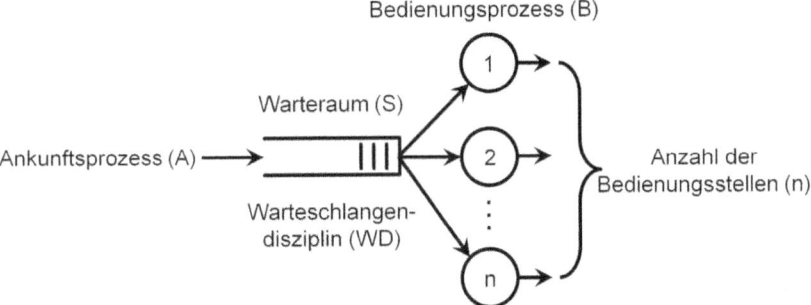

Abbildung 8: Wartesystem

Mit der Kendallschen Notation, die die normierte Beschreibung eines Bedienungssystems erlaubt, lässt sich ein Bedienungssystem wie $A/B/n/S/WD$ beschreiben. Für die Ankunftsprozesse (A) und die Bedienprozesse (B) werden folgende Verteilungen verwendet:

- G/GI – Beliebige Verteilung (General (Independent) Distribution)
- M – Exponentialverteilung (Markovian Distribution)
- D – Konstante (Deterministic Distribution)
- E_k – Erlang-k-Verteilung
- H_k – Hyperexponentielle Verteilung, k-ter Ordnung

Eine Anforderung an den Warteraum wird nach einer festzulegenden Warteschlangendisziplin in die Bedienungsstelle übernommen. Oftmals verwendete Warteschlangendisziplinen sind:

- $FIFO$ (first-in, first-out) bzw. $FCFS$ (first-come, first-served)
- $LIFO$ (last-in, first-out)
- $SIRO$ (Service-In-Random-Order) (vgl. [Takagi 1991], [Kleinrock 1991])

Die grundlegende Eigenschaft eines Bedienungssystems ist, dass nur eine Anforderung gleichzeitig in einer Bedienungsstelle bearbeitet werden kann. Die weiteren fünf Eigenschaften eines Wartesystems sind bei der Anwendung anhand der konkreten Aufgabestellung festzulegen. In Abschnitt 4.2.2 wird die Modellierung dieser fünf Eigenschaften bei eisenbahnbetriebswissenschaftlichen Leistungsuntersuchungen Schritt für Schritt erklärt.

4.2.2 Modellierung

Bei der analytischen Methode (siehe Abschnitt 2.3.2) wird die Infrastruktur in kleine strukturell vergleichbare Einheiten (TFK) aufgeteilt, die jeweils nur von einem Zug gleichzeitig angefordert werden können. Die Grundidee ist dabei die Modellierung der Infrastruktur durch ein einstelliger Bedienungssystem im Sinne der Warteschlangentheorie. Analog dazu basiert die Bestimmung der maximalen Leistungsfähigkeit und Wartezeitfunktion auch auf der Modellierung mit einem Wartesystem.

Eine bekannte Einschränkung bei der Verwendung der analytischen Methode zur Untersuchung der Fahrstraßenknoten liegt in der sehr stark begrenzten Möglichkeit einer Betrachtung der gegenseitigen Beeinflussung zwischen den einzelnen Teilfahrstraßenknoten. Bei komplexen Infrastrukturen ist die Einbeziehung der Wechselwirkungen zwischen unterschiedlichen Teilfahrstraßenknoten nicht trivial realisierbar. Dies wurde u.a. auch in [Wendler 1999] bestätigt: "... stößt das Drei-Zug-Modell an seine Grenzen und müsste auf ein Vier-Zug-Modell erweitert werden. ... erscheint ein Vier-Zug-Modell nicht mehr praktisch handhabbar." In [Pachl 2011] wurde ebenfalls darauf hingewiesen, dass "durch die weitgehend isolierte Betrachtung der einzelnen Teilfahrstraßenknoten Verkettungseffekte zwischen den Teilfahrstraßenknoten unzureichend erfasst werden. Bei sehr komplexen Fahrstraßenknoten ist daher häufig der Übergang zur Simulation zu empfehlen".

Die simulative Methode nach [Hertel 1992] wurde zunächst nur auf einfache Infrastrukturen (Strecke) angewendet. Jedoch besitzt die simulative Methode den Vorteil, dass unter bestimmten Randbedingungen realitätsnahe Ergebnisse unabhängig von der Komplexität der Infrastruktur sowie des Betriebsprogramms erzielt werden können. D.h. die punktuell auf eine bestimmte Belastungsstufe bezogenen Wirkungen einer Infrastruktur (mit mehreren Bedienungsstellen) in Verbindung mit einem Betriebsprogramm können auch bei hoher Komplexität verhältnismäßig einfach erfasst werden. Es bleibt die Frage, wie diese punktuell auf eine bestimmte Belastungsstufe bezogenen Wirkungen zu einer funktionalen Beschreibung des Betriebs (Wartezeitfunktion - Verhältnis zwischen Auslastung und Wartezeit) über mehrere Belastungsstufen hinweg umgeformt werden können.

Bei einer komplexen Infrastruktur mit mehreren Bedienungsstellen und komplexem Betriebsprogramm kann die gesamte Wartezeitfunktion nicht einfach analytisch abgeleitet werden. Das besagt aber nicht, dass die Wartezeitfunktion nicht existiert. Die gesuchte Wartezeitfunktion kann aber mittels eines geeigneten Ansatzes in Form einer Modellfunktion mit Parametern approximiert[4] werden. Die Parameter werden auf Grundlage der Ergebnisse der einzelnen Simulationen bestimmt. In [Schmidt 2009] wurde erstmals die Modellfunktion mit zwei Parametern aus [Hertel 1992], die ursprünglich für Strecken entwickelt wurde, auf verschiedene komplexe Infrastrukturen mit mehreren verteilten Bedienungsstellen angewendet. Um die Güte der bisher verwendeten Modellfunktion zu verbessern, wird in der vorliegenden Arbeit die Modellierung der Infrastruktur sowie des Betriebsprogramms näher betrachtet, weil dies bei der Konstruktion einer neuen Modellfunktion der Wartezeitfunktion eine entscheidende Rolle spielt.

Der Hauptunterschied für die Modellierung zwischen der analytischen Methode und der simulativen Methode liegt u.a. jedoch darin, dass bei der analytischen Methode die Bedienungsstellen genau definiert sein müssen. Im Gegensatz dazu werden in der simulativen Methode die Bedienungsstellen nur „fiktiv" betrachtet und nicht explizit in der Untersuchung festgelegt. Die fiktiven Bedienungsstellen dienen nur zu weiteren darauf basierenden ma-

---

[4] Die Wartezeitfunktion aus analytische Methode für die komplexe Infrastruktur wurde auch nicht exakt bestimmt. Es gibt immer Abweichung zwischen der abgeleiteten Wartezeitfunktion und der Realität (Vgl. [Wendel 1999], [Nießen 2008]).

thematischen Modellierungen. Die Idee der fiktiven Bedienungsstelle ist darauf zurückzuführen, dass die zu untersuchende maximale Leistungsfähigkeit und die Wartezeitfunktion, direkt oder indirekt von der „engsten" Bedienungsstelle der Infrastruktur abhängig sind. Aus der maximalen Anzahl der Züge, die durch die engste Bedienungsstelle fahren können, ergibt sich die maximale Leistungsfähigkeit der gesamten Infrastruktur, da im Betriebsprogramm bereits festgelegt ist, wie groß der Anteil der Züge durch die engste Bedienungsstelle im Verhältnis zur Gesamtzugzahl ist[5]. Die Wartezeitfunktion ergibt sich aus der Summe der Wartezeiten aller Bedienungsstellen der Infrastruktur geteilt durch die gesamte Zugzahl, wobei die Wartezeit der engsten Bedienungsstelle eine beherrschende Rolle spielt. In Abbildung 9 wird schematisch das Verhältnis der maximalen Leistungsfähigkeit und die Wartezeitfunktion zwischen der gesamten Infrastruktur und der engsten Bedienungsstelle dargestellt.

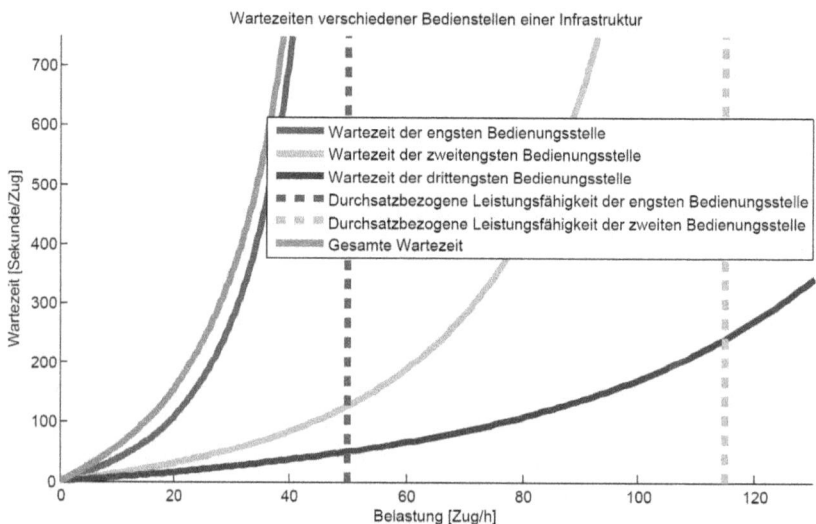

Abbildung 9: Wartezeiten verschiedenen Bedienungsstellen

Demzufolge kann die gesamte Infrastruktur nährungsweise zu einer fiktiven Bedienungsstelle abstrahiert werden. Die maximale Leistungsfähigkeit kann aus der Eigenschaft dieser Bedienungsstelle ermittelt werden. Die Wartezeitfunktion wird nicht durch den Einsatz der vor-

---

[5] Bei praxisorientierten Leistungsuntersuchungen mit modernen Simulationswerkzeugen ist jedoch zu beachten, dass die engste Bedienungsstelle durch entsprechende Dispositionsverfahren entlastet werden kann, indem für einzelne Züge alternative Fahrwege gewählt werden.

handenen mathematischen Formel (z.B. Wartezeitfunktion vom Wartesystem $M/M/1$) für die Bedienungsstelle ermittelt, sondern durch die Anpassung einer Modellfunktion an die Simulationsdaten. Das Vorgehen der Modellierung in der simlativen Methode wird in Abbildung 10 verdeutlicht.

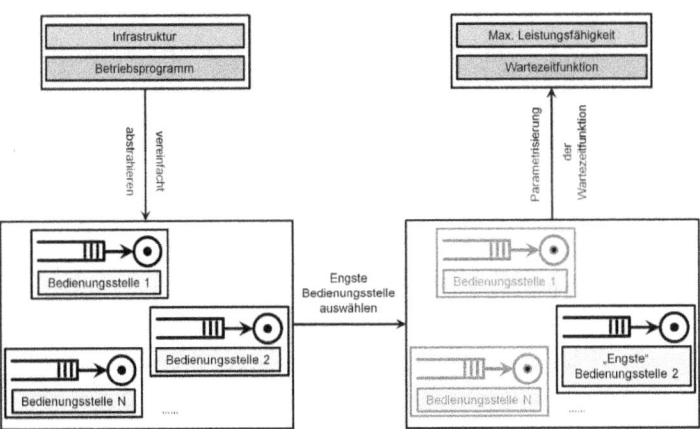

Abbildung 10: Modellierung in der simulativen Methode

Wie in Abbildung 10 gezeigt, werden die zu untersuchende Infrastruktur sowie das Betriebsprogramm als mehrere (fiktive) Bedienungsstellen vereinfacht betrachtet. Eine (oder mehrere) Bedienungsstelle ist am "engsten". Basierend auf den Eigenschaften dieser „engsten" fiktiven Bedienungsstelle können die maximale Leistungsfähigkeit und die Wartezeitfunktion bestimmt werden. In den folgenden Abschnitten werden die Eigenschaften der fiktiven Bedienungsstelle für eine allgemeingültige Anwendung festgelegt.

Ankunftsprozess

Bei der Modellierung für die eisenbahnbetriebswissenschaftlichen Leistungsuntersuchungen sind zunächst die Randbedingungen festzulegen. In den Untersuchungen des optimalen Leistungsbereichs werden die zufälligen Störungen als ein entscheidender Faktor betrachtet. Solche Störungen können in vielen verschieden Arten (Einbruchsverspätung, Haltezeitverlängerung, Fahrzeitverlängerung usw.) in der Realität bzw. Simulation auftreten. In den Untersuchungen werden die Einbruchsverspätungen z.B. durch die Generierung der zufälligen Fahrplanverdichtungen (siehe Abschnitt 2.3.3) realisiert. Die in der Fahrplanverdichtung zufällig geplanten Abfahrtszeitpunkte repräsentieren die Wirkung der Einbruchsverspätungen auf einen gut geplanten Fahrplan, der dem vorgegebenen Betriebsprogramm entspricht. Jedoch ist die Reihenfolge der Züge in diesem Fahrplan nicht festgelegt. Die anderen zufälligen Störungen (z.B. Haltezeitverlängerung, Fahrzeitverlängerung, usw.) werden nicht in der Fahrplanverdichtung betrachtet. Der Grund liegt darin, dass die verschiedenen Zeitzuschläge (z.B. Verkehrshaltezuschlag, Abfertigungszeit, Regelzuschlag sowie Bauzuschlag) vor der Fahrplanverdichtung entfernt wurden. Sie dienen in der Realität bzw. Simulation zum Abbau von Verspätungen, die durch Störungen (z.B. Haltezeitverlängerung, Fahrzeitverlängerung, usw.) verursacht werden. Unter dieser Randbedingung kann der Ankunftsprozess der Anforderungen (Zug) durch die nicht-negative exponentielle Verteilung (M) modelliert werden, weil der Abfahrtszeitpunkt und damit auch die Ankunftszeit an einer „Bedienungsstelle" zufällig sind. Somit kann das für die Modellierung anzuwendende Bedienungssystem durch $M/?/?/?/?$ beschrieben werden.

Bedienungsprozess

Die Bedienungszeit einer Bedienungsstelle entspricht der Sperr- bzw. Belegungszeit (d.h. der Summe von Fahr- und Haltezeit einschließlich Vor- und Nachbelegungszeit) eines Zugs auf einem Infrastrukturabschnitt. Um die Verteilung der Bedienungszeit abzustimmen, sind zunächst die Wirkung der Behinderung der Bedienungsstelle sowie die möglichen Arten des Infrastrukturabschnitts, die als Bedienungsstelle modelliert werden können, zu diskutieren.

Normalerweise ist die Bedienungszeit einer Anforderung im Wartesystem von der Behinderung der Bedienungsstelle unabhängig. Die Modellierung des Eisenbahnbetriebs bildet hier jedoch eine Ausnahme. Falls ein Zug wegen der Behinderung vor der Bedienungsstelle bremsen muss, soll dieser in der Bedienungsstelle (Infrastrukturabschnitt) mitunter wieder beschleunigen. Das führt dazu, dass die reale Belegungszeit länger als die geplante Belegungszeit ist. Dieser Effekt der Belegungszeit in der Bedienungsstelle wird zusammen mit der Infrastrukturabschnittsart analysiert.

Im Eisenbahnbereich werden der lange Blockabschnitt sowie der Weichenbereich in den Eisenbahnknoten (Bahnhof) als Bedienungsstellen angesehen, die die großen Behinderungen (Wartezeiten) verursachen. Bei Behinderungen dieser beiden Arten von Bedienungsstellen muss der Zug vor der Bedienungsstelle bremsen. Der Unterschied ist, dass die geplante Belegungszeit allgemein auf einem langen Blockabschnitt (t_{BBlock}) länger als die geplante Belegungszeit auf einer oder mehreren zusammengehörenden Weichen ($t_{BWeiche}$) ist. Es wird angenommen, dass die Abweichung der geplanten und realen Belegungszeit wegen des Bremsens und der anschließenden Beschleunigung maximal Δt_B beträgt. Außer dem Bremsen und der Beschleunigung besitzen verschiedene Zuggattungen (z.B. Nahreisezug oder Fernreiszug) unterschiedliche Bedienungszeiten. Als Grenzwert wird (hier zur Verdeutlichung) die Belegungszeit eines langsamen Zuges als höchstens doppelt so groß angenommen, wie die Belegungszeit eines schnellen Zuges. Darüber hinaus können auch die Dispositionsmaßnahmen im Betrieb die Bedienungszeit beeinflussen. Falls ein Zug A vor einer Bedienungsstelle auf einen anderen Zug B, der noch nicht an der Bedienungsstelle angekommen ist, wartet, kann die Bedienungsstelle trotzdem als von Zug B belegt betrachtet werden, da die Vorschautiefe von Zug B die Bedienungsstelle bereits reserviert hat. Demzufolge erhöht sich die Bedienungszeit von Zug B im Vergleich zu der geplanten Belegungszeit der Bedienungsstelle. Die maximale zusätzliche fiktive Belegungszeit aufgrund von Dispositionsmaßnahmen wird als Δt_{BDispo} angenommen. Zur Festlegung der Verteilung des Bedienprozesses wird das Quadrat des Variationskoeffizienten[6] [Kohn 2004] der Bedienungszeit an dieser Stelle betrachtet, weil er einen entscheidenden Einfluss bei der Bestimmung der maximalen Leistungsfähigkeit und der Wartezeitfunktion (siehe Kapitel 5 und 6) hat. Da die Fahrpläne verschiedener Verdichtungsstufen zufällig sind, wird ebenfalls angenommen, dass die reale Belegungszeit gleichmäßig zwischen der kürzesten geplanten Belegungszeit eines schnellen Zuges ($t_{BPlan,schnell} = t_{BBlock,schnell}$ oder $t_{BWeiche,schnell}$) und der längsten Belegungszeit eines langsamen Zuges $2 \cdot t_{BPlan,langsam} (= 2 \cdot t_{BPlan,schnell}) + \Delta t_B + \Delta t_{BDispo}$ verteilt ist. Demzufolge gilt

$$\text{Standardabweichung(reale Belegungszeit)} = \frac{t_{BPlan,schnell} + \Delta t_B + \Delta t_{BDispo}}{2 \cdot \sqrt{3}} \qquad (4\text{-}1)$$

und

$$\text{Mittelwert(reale Belegungszeit)} = \frac{3 \cdot t_{BPlan,schnell} + \Delta t_B + \Delta t_{BDispo}}{2} \qquad (4\text{-}2)$$

Damit kann ermittelt werden, dass

$$\text{Variationskoeffizient}^2\text{(reale Belegungszeit)} = \left(\frac{t_{BPlan,schnell} + \Delta t_B + \Delta t_{BDispo}}{\sqrt{3} \cdot (3 \cdot t_{BPlan,schnell} + \Delta t_B + \Delta t_{BDispo})} \right)^2 < \frac{1}{3} \qquad (4\text{-}3)$$

D.h. der Variationskoeffizient der realen Belegungszeit ist viel kleiner als der Variationskoeffizient der negativ-exponentiellen Verteilung (=1). Je größer die geplante Belegungszeit (z.B. $t_{BPlan,schnell} = t_{BBlock,schnell}$) oder je kleiner $\Delta t_B + \Delta t_{BDispo}$ ist, desto kleiner wird der Variati-

---

[6] Variationskoeffizient (X) = Standardabweichung(X) / Mittelwert(X), wobei X eine Zufallsvariable bezeichnet.

onskoeffizient. Im Grenzfall beträgt der Variationskoeffizient 0, was einer deterministischen Verteilung entspricht. Deswegen wird die Belegungszeit in der Bedienungsstelle zur Vereinfachung durch eine deterministische Verteilung modelliert. Somit kann das für die Modellierung anzuwendende Bedienungssystem durch $M/D/?/?/?$ beschrieben werden.

Anzahl der parallelen Bedienungsstellen

Die meisten vorhandenen Methoden zur Aufteilung der Infrastruktur bei Leistungsuntersuchungen (z.b. [Vakhtel 2002] und [Bungartz et al. 2008]) gehen davon aus, dass nur ein Zug gleichzeitig eine Bedienungsstelle befahren kann. Als eine weitere Art von Bedienungsstelle können Gleisgruppen, die typischerweise in Bahnhöfen vorkommen, identifiziert werden. Jedoch liegt die „engste" Bedienungsstelle oftmals nicht auf den Gleisgruppen, sondern im Weichenbereich vor oder nach den Gleisgruppen. Um die Einheitlichkeit in der Modellierung zu erhalten, wird die Anzahl der Bedienungsstellen allgemein als 1 angenommen. D.h. das Bedienungssystem ergibt sich jetzt somit zu $M/D/1/?/?$.

Anzahl der Warteplätze im Warteraum

Im Bedienungssystem sind Warteraum und Bedienungsstelle zwei separate Bereiche. Diese Eigenschaft ist nur schwer in dieser Form im Eisenbahnbereich abzubilden, weil jeder Infrastrukturabschnitt sowohl als eine Bedienungsstelle aber gleichzeitig auch als einen Platz im Warteraum angesehen werden kann. Am Anfang der Modellierung wird deshalb die Kategorie „fiktive Bedienungsstelle" eingeführt. Hierbei wird der Warteraum einer Bedienungsstelle abstrakt als unendlich modelliert. Demzufolge kann das Wartsystem für die Modellierung allgemein durch $M/D/1/\infty/?$ beschrieben werden.

Warteschlangendisziplin

Bei der Betrachtung des Eisenbahnbetriebs in der makroskopischen Ebene kann die Reihenfolge der Züge aufgrund der Prioritäten der einzelnen Züge sowie von Dispositionsmaßnahmen geändert werden. Dieser Effekt entspricht nicht direkt der Warteschlangendisziplin $FIFO$. Jedoch ist eine Transformation in die Warteschlangendisziplin $FIFO$ möglich, indem die Belegungszeit der Bedienungsstelle des später kommenden, aber zuerst fahrenden Zuges „fiktiv" verlängert wird, so als ob der später kommende Zug vor dem früheren Zug die Bedienungsstelle bereits belegt. Somit werden nur die verketteten Belegungen (Bedienungsprozess) von verschiedenen Zuggattungen durch die Änderung der Reihenfolge der Züge beeinflusst. Da bei der Modellierung des Bedienungsprozesses (verkettete Belegungszeit) diese Beeinflussung bereits berücksichtigt wurde, kann hier also die Warteschlangendisziplin $FIFO$ trotz der der Reihenfolgeänderung der Züge verwendet werden. Außerdem gibt es in der mikroskopischen Ebene (z.B. im Weichenbereich) ohnehin nur begrenzte Möglichkeiten, die Reihenfolge der Züge zu ändern. Zusammenfassend wird die Anforderung (Zug) in der Bedienungsstelle im Allgemeinen nach dem $FIFO$-Prinzip einheitlich vorgenommen. Somit kann das Wartesystem als $M/D/1/\infty/FIFO$ bezeichnet werden.

Ein abstraktes Modell eines Bedienungssystems mit unendlichen Warteplätzen wird als ein Wartesystem in der Warteschlangentheorie bezeichnet. In den folgenden Kapiteln werden immer ∞ für die Warteplätze im Warteraum und $FIFO$ für die Warteschlangendisziplin angenommen. Das Bedienungssystem $M/D/1/\infty/FIFO$ wird demzufolge als Wartesystem $M/D/1$ dargestellt.

4.3 Schlussfolgerung

Die Leistungsuntersuchung zur Ermittlung des optimalen Leistungsbereichs ist grundsätzlich eine makroskopische Betrachtung. Durch die Modellierung der Infrastruktur und des Betriebsprogramms (Fahrplan) mit Bedienungssystem $M/D/1/\infty/FIFO$ (Wartesystem $M/D/1$) können die eisenbahnbetriebswissenschaftlichen Leistungsuntersuchungen vereinfacht werden. Die Modellierung funktioniert als eine Basis für die Bestimmung der Kenngrößen (maximale Leistungsfähigkeit und optimale Leistungsbereich). Sie besitzt den Vorteil, dass die Kenngrößen zusammen mit den Simulationsergebnissen und den Eigenschaften des Modells ermittelt und nicht wie in der analytischen Methode direkt aus der Modellierung der Wartezeit mathematisch abgeleitet werden, was möglicherweise bei komplexen Infrastrukturen zu einer mathematisch unbeherrschbaren Formel führen kann. Die Plausibilität dieser Vorgehensweise wird in den Kapitel 5 und 6 gezeigt.

5 Die Maximale Leistungsfähigkeit

5.1 Überblick

In den allgemeinen Bedienungssystemmodellen kann die maximale Leistungsfähigkeit als eine Kenngröße leicht bestimmt werden. Sie ergibt sich aus dem Quotienten des Untersuchungszeitraums (z.B. eine Stunde) und der durchschnittlichen Bedienungszeit. Bei der Bestimmung weiterer Kenngrößen (wie z.b. Wartezeit unter einer bestimmten Belastung) wird die maximale Leistungsfähigkeit als wichtige Grundlage benötigt. Im Eisenbahnbereich hat die maximale Leistungsfähigkeit die praktische Bedeutung, dass sie auf die Anzahl der Züge, die in der stationären Phase den Untersuchungsraum bei einer gegen unendlich strebenden Wartezeit befahren können, hinweist. Gleichzeitig ist die Bestimmung der maximalen Leistungsfähigkeit aufgrund der hohen Komplexität der Infrastruktur und der Fahrplanstruktur nicht trivial. In diesem Kapitel wird ein weiterentwickeltes Verfahren zur Bestimmung der maximalen Leistungsfähigkeit mit einer simulativen Methode dargestellt und die Genauigkeit der Methode wird diskutiert.

5.2 Vorhandene Verfahren

5.2.1 Analytisches Verfahren

Es gibt verschiedene Verfahren zur Bestimmung der maximalen Leistungsfähigkeit. In [Internationaler Eisenbahnverband (UIC) 2004] wurde ein Verfahren anhand des Zeit-Weglinien-Diagramms entworfen. In diesem Verfahren werden die Sperrzeittreppen der Züge ohne Änderung der zugehörigen Struktur soweit komprimiert, bis die Sperrzeittreppen sich gerade berühren. Der Nutzungsgrad der Infrastruktur ergibt sich aus dem Quotienten der gesamten Zeitdauer des komprimierten Fahrplans und dem Untersuchungszeitraum. In [Internationaler Eisenbahnverband (UIC) 2004] werden die Obergrenzen für den Nutzungsgrad von verschiedenen Betriebsprogrammen und dem Untersuchungszeitraum aus praktischen Erfahrungen vorgegeben. Falls der Nutzungsgrad unter der vorgegebenen Obergrenze liegt, wird versucht, zusätzliche Züge im Fahrplan hinzuzufügen. Die Belastung, die der Obergrenze des Nutzungsgrades entspricht, wird als maximale Leistungsfähigkeit angesehen.

Die stark eingeschränkte Nutzbarkeit des Verfahrens wegen Linienunterteilung in geeignete Partitionen oder einer Bündelung der Trassenwege usw., wurde u.a. von [Lindner 2009] aufgezeigt.

In [Schwanhäußer 1978] wurde erstmals die Idee von Teilfahrstraßenknoten eingeführt. Danach wurde in [Vakhtel 2002], [Nießen 2008] und [Wendler 2011] ein Verfahren zur Bestimmung der maximalen Leistungsfähigkeit mit Hilfe von Teilfahrstraßenkonten bzw. Gesamtfahrstraßenknoten und der Mindestzugfolgezeiten entwickelt. Die Infrastruktur wird in Einheiten (Teilfahrstraßenknoten) aufgeteilt, die als Bedienungsstelle im Sinne der Warteschlangentheorie modelliert werden. Die Bedienungsstellen werden unabhängig voneinander betrachtet. Die durchschnittliche Bedienungzeit der Bedienungsstelle ergibt sich aus dem Mittelwert aller möglichen Mindestzugfolgezeiten zwischen den Zugfahrten. Damit kann die maximale Leistungsfähigkeit berechnet werden:

$$\textit{Maximale Leistungsfähigkeit} = \frac{\textit{Zeiteinheit}}{\textit{Durchschnittliche Bedienungszeit}} \qquad (5-1)$$

Dieses Verfahren ist für die Untersuchung von Strecken gut geeignet. Bei großen Bahnhöfen mit komplizierten Strukturen, ist es jedoch schwierig, ein mathematisch beherrschbares Modell zu finden ([Vakhtel 2002]). Nießen hat in [Nießen 2008] statt eines einzelnen Teilfahrstraßenknotens den Gesamtfahrstraßenknoten betrachtet, der als „multiresource queue" abgebildet wird. Jedoch besteht auch hier eine Einschränkung der Modellierung: „Der Beginn einer Belegung durch einen Kunden erfolge für alle benötigten Kanäle zeitgleich. Nach der Bedienung des Kunden j mit der Bedienrate μ_j werden alle belegten Kanäle zur selben Zeit wieder freigegeben." Dadurch entsteht ein Widerspruch zur Funktionalität der Auflösekontakte, mit denen eine Fahrstraße teilweise aufgelöst werden kann, d.h. hinsichtlich der in modernen Anlagen üblicherweise vorhandenen und die Leistungsfähigkeit direkt beeinflussenden Teilfahrstraßenauflösungen (siehe Anhang 9 aus [Martin et al. 2013b]).

Ein Vorteil der analytischen Methoden liegt allerdings darin, dass sie direkt aus der mathematischen Modellierung abgeleitet werden können. Jedoch müssen die Eigenschaften der Infrastruktur sowie des Fahrplans exakt erfasst und verschiedene spezielle Fälle mit Hilfe zusätzlicher komplizierter mathematischer Theorien betrachtet werden. Besonders schwierig und aufwändig gestaltet sich dabei die integrative Verknüpfung der zunächst isoliert untersuchten Teilbereiche der Infrastruktur, wodurch die Vorteile des analytischen Ansatzes wieder verloren gehen.

5.2.2 Simulatives Verfahren

Um die simulativen Verfahren besser darstellen zu können, werden die folgenden Begriffe (Kenngrößen) eingeführt:

Eingangsbelastung: Die Anzahl der Züge (pro Stunde), die fahrplanmäßig in den Untersuchungsraum während des Auswertzeitraums einfahren bzw. beginnen.

Ausgangsbelastung: Die Anzahl der Züge (pro Stunde), die den Untersuchungsraum während des Auswertzeitraums verlassen bzw. enden.

Im simulativen Verfahren sind die beiden Werte einfach zu erfassen. Gleichzeitig repräsentieren sie die Anzahl der Züge im System und zeigen implizit, ob die Eingangsbelastung die maximale Leistungsfähigkeit bereits erreicht hat. Falls eine hinreichende Anzahl von Fahrplanverdichtungen der unterschiedlichen benötigten Verdichtungsstufen zur Ermittlung der Eingangs- und Ausgangsbelastungen vorhanden ist, kann die maximale Leistungsfähigkeit durch eine passende Methode mit den beiden Kenngrößen „Eingangsbelastung" und „Ausgangsbelastung" bestimmt werden. Deswegen werden sie in den vorhandenen simulativen Verfahren zur Bestimmung der maximalen Leistungsfähigkeit angewendet.

Anfang der 90er Jahre des letzten Jahrhunderts wurde ein Verfahren zur Ermittlung der maximalen Leistungsfähigkeit von [Hertel 1992] und [Ludwig 1990] entworfen. In diesem Verfahren werden so viele Züge im Fahrplan geplant, bis die Belastung des Einfahrblocks 100% erreicht hat. Damit ergibt sich die maximale Leistungsfähigkeit aus der Ausgangsbelastung. Es ist leicht zu erkennen, dass dieses Verfahren nur für Infrastrukturen mit nur einem Einfahrblock praktikabel ist. Jedoch besitzt eine netzförmige Infrastruktur allgemein mehrere Einfahrblöcke. In diesem Fall ist nur der erste Einfahrblock vollständig auszulasten, damit die Voraussetzung der maximalen Leistungsfähigkeit erfüllt werden kann. Jedoch kann der auszulastende Einfahrblock bei einer komplexen Infrastruktur und einem entsprechenden Betriebsprogramm nicht trivial ermittelt werden.

In [Martin et al. 2005] wurde ein weiteres Verfahren entworfen, das für die Infrastruktur mit mehreren Einfahrblöcken anwendbar ist. In diesem Verfahren ergibt sich die maximale Leistungsfähigkeit aus der maximalen Ausgangsbelastung + 1 Zug/h, indem die Eingangsbelastung schrittweise möglichst weit erhöht wird. Das Verfahren wird in Abbildung 11 schematisch dargestellt.

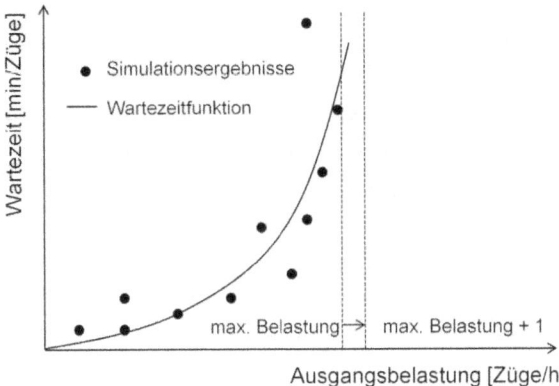

Abbildung 11: Bestimmung der maximalen Leistungsfähigkeit mit maximaler Ausgangsbelastung

Der Nachteil dieses Verfahrens liegt darin, dass eine der Randbedingungen der Untersuchung, das Betriebsprogramm, geändert werden kann. Nachdem der erste Einfahrblock ($E1$) ausgelastet wurde, können noch weitere Züge in andere Einfahrblöcke fahren. Das führt dazu, dass die Zugzahl vom Einfahrblock ($E1$) gleich bleibt, aber die Zugzahl der anderen Einfahrblöcke weiter ansteigt. Demzufolge ändern sich die Anteile der Zuglaufgruppen, die durch verschiedene Einfahrblöcke einfahren. Somit entsteht ein anderes Betriebsprogramm, das Unterschiede zu der Vorgabe aufweist. Auf derselben Infrastruktur können verschiedene Betriebsprogramme zu unterschiedlichen Ergebnissen des optimalen Leistungsbereichs führen. Deswegen kann bei unsachgemäßer Anwendung möglicherweise ein falsches Ergebnis des optimalen Leistungsbereichs mit einem derartig angelegten Verfahren zur Bestimmung der maximalen Leistungsfähigkeit entstehen. Die Beibehaltung der Struktur des Betriebsprogramms erfordert einen hohen zusätzlichen Aufwand bei der Anwendung des Verfahrens.

[Schmidt 2009] hat das Verfahren in [Martin et al. 2005] zur Bestimmung der maximalen Leistungsfähigkeit für Teilnetze mit mehreren Einfahrblöcken (bzw. Bedienungsstellen) weiter entwickelt. Das Verhältnis von Eingangs- und Ausgangsbelastung und die Abhängigkeit der Wartezeit vom Auswertezeitraum werden als zwei Indikatoren in iterativen Verfahren eingesetzt.

In einem Teilnetz ist nicht unmittelbar zu bestimmen, welcher Einfahrblock bzw. welche Bedienungsstelle zuerst voll ausgelastet wird. Jedoch kann beobachtet werden, dass sich der weitere Anstieg der Ausgangsbelastung verringert, nachdem ein Einfahrblock bzw. eine Bedienungsstelle ausgelastet ist. Daraus lässt sich ableiten, dass die Eingangsbelastung in der stationären Phase[7] des Simulationssystems (abgesehen von statistischen Schwankungen) gleich der Ausgangsbelastung sein muss, wenn die Eingangs- und Ausgangsbelastung noch kleiner als die maximale Leistungsfähigkeit sind. Basierend auf dieser Eigenschaft wird das Verhältnis von Eingangs- und Ausgangsbelastung untersucht. Die maximale Leistungsfähigkeit ergibt sich demnach aus dem Abweichungspunkt[8] von Eingangs- und Ausgangsbelastung. Um diesen Abweichungspunkt zu finden, wird ein Verfahren in [Schmidt 2009] entworfen. Die Verdichtungsstufen der Fahrplanverdichtungen werden gleichmäßig mit demselben Schrittabstand (z.b. 5%) erhöht, bis die Eingangsbelastung signifikant größer ist als die Ausgangsbelastung. Danach wird ein Bereich abgegrenzt, in dem die maximale Leistungsfähigkeit voraussichtlich liegt. In diesem Bereich werden nun mehrere zusätzliche Fahrplanverdichtungen generiert, deren Schrittabstand entsprechend verkleinert wird. Außerdem sind mindestens drei zufällige Fahrplanverdichtungen für jede Eingangsbelastung in diesem Bereich zu generieren, damit die durchschnittliche Ausgangsbelastung statistisch gesichert ist. Die erste Eingangsbelastung in diesem Bereich, die größer als die entsprechende durchschnittliche Ausgangbelastung ist, wird als die maximale Leistungsfähigkeit festgelegt (siehe Abbildung 12).

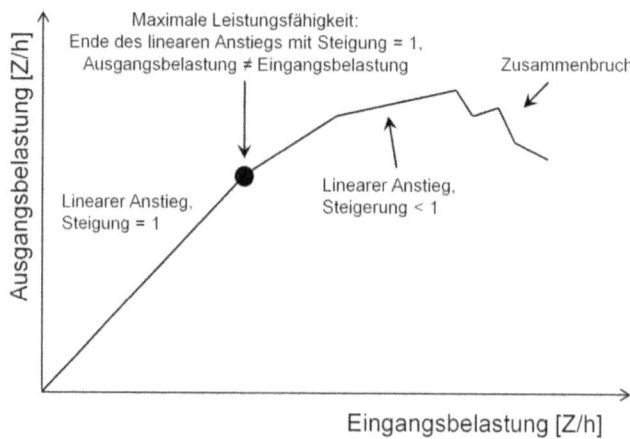

Abbildung 12: Verhältnis von Eingang- und Ausgangsbelastung

---

[7] Gleichgewichtszustand des Systems

[8] Die größte Eingangsbelastung, deren Wert noch gleich dem Wert der (durchschnittlichen) Ausgangsbelastung ist

In einem Zweiten Ansatz zur Ermittlung der maximalen Leistungsfähigkeit, der auf einer Abhängigkeit der Wartezeit von Auswertezeit beruht, wird ebenfalls ein Abweichungspunkt gesucht. Hier wird der Abweichungspunkt zwischen den Wartezeiten von verschiedenen Abschnitten des Auswertezeitraums als die maximale Leistungsfähigkeit festgelegt. Begründet ist dies dadurch, dass der Erwartungswert der Wartezeiten bei allen Abschnitten im Auswertezeitraum identisch ist, falls die entsprechende Belastung noch unter der maximalen Leistungsfähigkeit liegt. Oberhalb der maximalen Leistungsfähigkeit weichen die Wartezeiten der verschiedenen Abschnitte voneinander ab. Das Ermitteln des Abweichungspunkts funktioniert ähnlich wie bei dem Verhältnis von Eingangs- und Ausgangsbelastung. Ein grober Bereich für die maximale Leistungsfähigkeit wird zunächst eingegrenzt; dann werden mehrere Fahrplanverdichtungen generiert, um die maximale Leistungsfähigkeit genauer zu lokalisieren (siehe Abbildung 13).

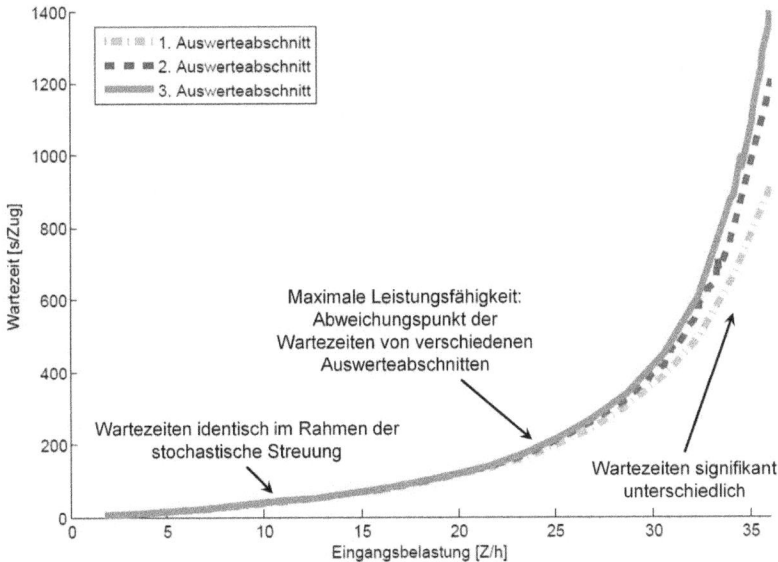

Abbildung 13: Abhängigkeit der Wartezeit vom Auswertezeitraum

Das Hauptproblem der Anwendung der beiden Indikatoren liegt darin, dass der zufällige Einfluss hinreichend zu berücksichtigen ist, damit das Ergebnis plausibler wird. Um eine statistisch gesicherte Ausgangsbelastung bzw. Wartezeit bzgl. einer bestimmten Belastung zu erhalten, sind mehrere Fahrplanverdichtungen zu generieren. Auf Grund der Zufälligkeit der Fahrplanverdichtungen ist es nicht trivial, eine Fahrplanverdichtung mit einer bestimmten

Belastung zu generieren. Somit ist eine statistisch gesicherte Ausgangsbelastung oder Wartezeit nur sehr aufwändig zu generieren (es sind mehrere Versuche notwendig um eine passende Fahrplanverdichtung zu erhalten). Falls die Wahrscheinlichkeit von Deadlocks bei der Anwendung synchroner Simulationsverfahren zu berücksichtigen ist, erhöht sich die Anzahl der benötigten Versuche mitunter beträchtlich. Darüber hinaus ergibt sich ein statistisch gesicherter Wert allgemein aus mehreren Stichproben. Die Anzahl der Stichproben hängt maßgeblich von der Verteilung der zu untersuchenden Variable ab. Normalerweise darf die Anzahl nicht kleiner sein als drei oder fünf.

Zusammengefasst haben die vorhandenen Verfahren zur Ermittlung der maximalen Leistungsfähigkeit mit der simulativen Methode die Einschränkungen im Hinblick auf die Beibehaltung des zu untersuchenden Betriebsprogramms oder beim Zeitaufwand der Generierung von Fahrplanverdichtungen.

5.3 Neues Verfahren mit simulativer Methode

5.3.1 Grundidee

In den zwei Ansätzen von [Schmidt 2009] wird die Beibehaltung des Betriebsprogramms berücksichtigt (vgl. Abschnitt 5.2.2). Die zwei in Abschnitt 5.2.2 beschriebenen Indikatoren können auch als Grundlage für die hier neu entwickelte Methode verwendet werden. Jedoch muss zusätzlich die Streuung der Simulationsergebnisse auf die Indikatoren betrachtet werden. Aus der praktischen Anwendung ist bekannt, dass die Streuungen der Wartezeit in den verschiedenen Abschnitten des Auswertungsraums größer sind als die Streuungen der Ausgangsbelastung. Aus diesem Grund wird der Indikator „Verhältnis von Eingangs- und Ausgangsbelastung" für die hier neu entwickelte Methode verwendet

Wie in Abschnitt 5.2.2 erläutert, ist die exakte Bestimmung der maximalen Leistungsfähigkeit (Abweichungspunkt zwischen Eingangs- und Ausgangsbelastung) sehr aufwändig. Der Grund liegt an der Generierung der Deadlock-freien Fahrplanverdichtungen mit derselben Eingangsbelastung. In dem neuen Verfahren ist deshalb so ein Vorgehen zu vermeiden. Stattdessen können die Fahrplanverdichtungen, deren Eingangsbelastungen nahezu gleich sind, zusammen betrachtet und ihre Tendenz berücksichtigt werden. Damit kann das Problem der Generierung der Fahrplanverdichtung mit einer bestimmten Eingangsbelastung umgangen werden.

In vielen Verfahren mit der simulativen Methode ist das Ergebnis noch zu kalibrieren[9], um eine Robustheit gegenüber zufälligen Einflüssen zu erreichen. In dem hier vorgestellten neuen Verfahren wird ebenfalls ein einzelner Kalibrierungsschritt eingebaut, so dass die Plausibilität der ermittelten maximalen Leistungsfähigkeit gewährleistet werden kann. Der ausführliche Ablauf des Verfahrens wird in Abschnitt 5.3.2 dargestellt. Dabei ist zu beachten, dass die Betrachtung des Verhältnisses von Eingangs- und Ausgangsbelastung genau wie bei [Schmidt 2009] eine stationäre Phase des Systems voraussetzt. Wie sich die Eingangs- und Ausgangsbelastung in der nicht-stationären Phase verhalten und wie die maximale Leistungsfähigkeit damit ermittelt wird, sind kein Schwerpunkt der vorliegenden Arbeit und bleibt künftigen Untersuchungen vorbehalten.

5.3.2 Ablauf des Verfahrens

Um eine signifikante Abweichung zwischen Eingangs- und Ausgangsbelastung zu erhalten, muss eine Fahrplanverdichtung mit möglichst hoher Belastung generiert werden. Falls der zu untersuchende Fahrplan ein realer Fahrplan ist, kann eine Verdichtungsstufe von typischerweise 250%[10] gewählt werden. Dieser Wert wurde aus praktischen Erfahrungen gewonnen. Falls die Ausgangsbelastung bei der Verdichtungsstufe 250% nicht signifikant kleiner ist als die Eingangsbelastung, wird das Betriebsprogramm weiter mit höherer Verdichtungsstufe, die jeweils 50% erhöht wird, verdichtet. Falls das Simulationswerkzeug beim letzten Versuch mit hoher Verdichtungsstufe wegen der Anzahl der Züge die Simulation nicht mehr vollständig berechnen kann[11], wird die Verdichtungsstufe dann jeweils um 10% reduziert, bis das Simulationswerkzeug verwertbare Ergebnisse liefert. Tritt bei der höchsten Verdichtungsstufe keine signifikante Abweichung zwischen Eingangs- und Ausgangsbelastung auf, wird das Verfahren abgebrochen. Dieses Vorgehen wird in Abbildung 14 dargestellt.

---

[9] Gegenwärtig befindet sich ein anderes DFG-Projekt „Entwicklung eines Algorithmus für die Kalibrierung von Modellen zur Betriebssimulation in spurgeführten Verkehrssystemen unter Berücksichtigung stochastischer Bedingungen" mit dem Förderkennzeichen „MA 2326/9-1" noch in der Bearbeitungsphase [Martin & Cui 2013]. Zielstellung ist eine komplexe und umfassende Kalibrierung des gesamten Simulationsmodells.

[10] 250%, 50% sowie 10% im Verfahren sind Erfahrungswerte aus mehreren unterschiedlichen praktischen Anwendungen

[11] Bei manchen Simulationswerkzeugen wird die Nutzung der Arbeitsspeicher eingeschränkt. Falls die Infrastruktur und/oder die Zugzahl im Fahrplan zu groß wird, ist die entsprechende Simulation nicht mehr durchführbar.

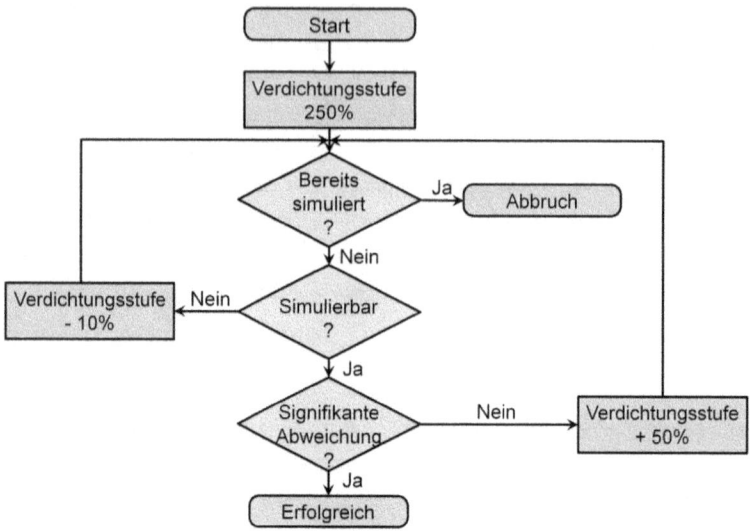

Abbildung 14: Vorgehen zur Ermittlung der signifikante Abweichung von Eingangs- und Ausgangsbelastung

Die entsprechende Ausgangsbelastung wird als erste quasi-maximale Leistungsfähigkeit verwendet. Um einen ausgewogenen Einfluss der einzelnen Datenpunkte aus der Simulation bei der Approximation der Wartezeitfunktion zu erreichen, wird empfohlen, die Fahrplanverdichtungen so zu generieren, dass deren Eingangsbelastungen gleichmäßig mit 5%-Schrittweite von 0 bis 125% * die quasi-maximale Leistungsfähigkeit verteilt werden. Bei jeder Verdichtungsstufe werden mindestens vier Fahrplanverdichtungen generiert.

Dann wird die neue Methode (siehe Abschnitt 5.3.3) zur Erkennung des Abweichungspunkts zwischen Eingangs- und Ausgangsbelastung aufgerufen. Der gefundene Abweichungspunkt wird ebenfalls noch als quasi-maximale Leistungsfähigkeit betrachtet.

5.3.3 Methode zur Erkennung des Abweichungspunkts

Die Methode kann in folgenden drei Schritten zusammengefasst werden.

1. **Datenpunkte zusammenfassen:**

   Eingangs- und Ausgangsbelastungen werden als Datenpunkte $P_i = (E_i, A_i)$[12] aus den Simulationsdaten ermittelt. Falls mehrere Datenpunkte mit derselben Eingangsbelastung vorhanden sind, werden sie zu einem Datenpunkt zusammengefasst. Die Ausgangsbelastung des neuen Punktes ergibt sich in diesem Fall aus dem Mittelwert der einzelnen Ausgangsbelastungen. Die Datenpunkte werden nach ihrer Eingangsbelastung aufsteigend sortiert. Im kartesischen Koordinatensystem (mit $x :=$ Eingangsbelastung, $y :=$ Ausgangsbelastung) werden vertikalen Abstände $d_i = |E_i - A_i|$ zwischen allen Datenpunkten und der Geraden ($E = A$) berechnet.

2. **Iterationsschritt:**

   In diesem Schritt werden folgende Teilschritte durchgeführt, bis das Abbruchskriterium erreicht wird.

   - Anfang: $q = max(A_i)$
   - Sei $U = \{P_j = (E_j; A_j) | E_j \leq q\}$. Die Standardabweichung σ wird berechnet:

   $$\sigma = \sqrt{\frac{1}{k-1} \cdot \sum_{j=1}^{k} d_j^2} \qquad (5\text{-}2)$$

   wobei
   - E_j; A_j die Eingangs- und Ausgangsbelastung des Datenpunkts P_j,
   - k die Anzahl der Datenpunkte von U,
   - d_j der vertikale Abstand zwischen dem Datenpunkt P_j und der Geraden ($E = A$)

   bezeichnet.

   - Entferne die Datenpaare $P_j (\in U)$, für die gilt (Ausreißer im unteren und mittleren Bereich):

   $$d_j \geq 2 \cdot \sigma \text{ und } E_j < 0{,}9 \cdot q \qquad (5\text{-}3)$$

   - Alle Datenpunkte P_i werden überprüft, ob sie unter der theoretischen Linie liegen und der Abstand $d_i \geq 2 \cdot \sigma$ ist.

---

[12] E_i: Eingangsbelastung des i-ten Datenpunktes; A_i: Ausgangsbelastung des i-ten Datenpunktes

Falls drei[13] nacheinander folgende Datenpunkte, die die Bedingung erfüllen, auftreten, wird der Minimalwert der Ausgangsbelastungen dieser drei Datenpunkte als nächste quasi-maximale Leistungsfähigkeit angenommen. Der zweite Schritt wird wiederholt.

Falls keine drei aufeinander folgenden Datenpunkte gefunden werden, die die Bedingung erfüllen, wird im Verfahren darauf hingewiesen, dass die Anzahl der Datenpunkte nicht ausreicht. Die noch fehlenden Datenpunkte mit niedriger Eingangsbelastung (die die Standardabweichung bestimmen) oder mit hoher Eingangsbelastung (die das Erreichen der maximalen Leistungsfähigkeit anzeigen) sind dann durch weitere Simulationsläufe zu ermitteln.

- Die Iteration wird abgebrochen, wenn die neu berechnete und die im vorigen Schritt bestimmte quasi-maximale Leistungsfähigkeit übereinstimmen. Die neue quasi-maximale Leistungsfähigkeit wird als quasi-maximale Leistungsfähigkeit weiter verwendet. Wenn die Zahl der Iterationsschritte dagegen die Maximalanzahl (z.B. 100[14]) erreicht hat, wird darauf hingewiesen, dass das Verfahren wegen unzureichender Datengrundlagen nicht konvergiert. In diesem Fall sind die Ausreißer der Datenpunkte manuell zu bearbeiten oder zusätzliche Simulationsläufe erforderlich.

3. **Kalibrierung:**

Wird die Iteration erfolgreich mit der Bestimmung der quasi-maximalen Leistungsfähigkeit (quasi-max. LF.) beendet, folgt die Kalibrierung. Die einzubeziehenden Punkte (P_i) werden wie folgt definiert:

$$\{P_i = (E_i, A_i) | \ E_i \leq \text{quasi} - \text{max. LF} + 2\sigma, \text{ und } A_i \leq \text{quasi} - \text{max. LF} + 2\sigma\}$$

In der Kalibrierung werden die einbezogenen Punkte durch eine Modellfunktion, die aus der theoretischen Gerade ($g1$) und einer weiteren Gerade ($g2$) (siehe Abbildung 15) besteht, approximiert. Der Schnittpunkt der beiden Geraden wird als maximale Leistungsfähigkeit angesehen.

---

[13] Durch die Anzahl (drei) der Datenpunkte wird die Genauigkeit der Methode gewährleistet (siehe Abschnitt 5.3.4)

[14] Einerseits konvergiert das Verfahren aus praxisbezogenen Erfahrungen bereits vor Erreichen von 100 Iterationsschritten. Andererseits ist auch der Zeitaufwand bei Anwendung der Methode zu berücksichtigen. Falls die zulässige Anzahl der Iterationen mit deutlich über 100 angenommen wird, ist der Zeitaufwand bei typischerweise komplexen Aufgabenstellungen nicht mehr akzeptabel.

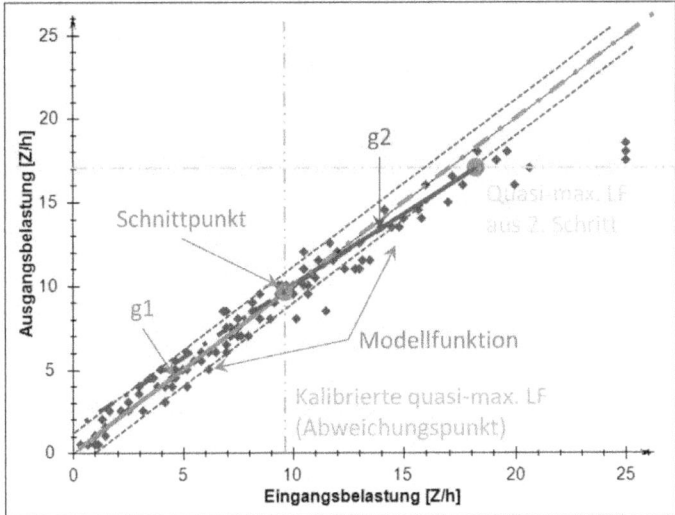

Abbildung 15: Kalibrierung zur maximalen Leistungsfähigkeit

5.3.4 Genauigkeit der Methode

Um die Genauigkeit der Methode zur Bestimmung der maximalen Leistungsfähigkeit zu untersuchen wurden in Abschnitt 5.3 die einzelnen Schritte betrachtet. Im ersten Schritt wird die signifikante Abweichung zwischen Eingangs- und Ausgangsbelastung (quasi-maximale Leistungsfähigkeit) ermittelt. Dabei werden drei nacheinander liegende Datenpunkte gesucht, deren Abweichung zwischen Eingangs- und Ausgangsbelastung größer ist als die zweifache Standardabweichung. Dadurch wird eine quasi-maximale Leistungsfähigkeit für jeden Iterationsschritt festgelegt. Soll die Genauigkeit der zuletzt gefundenen quasi-maximalen Leistungsfähigkeit abgeschätzt werden, ist im nächsten Schritt die Verteilung der Datenpunkte zu untersuchen.

In [Walk 2007] wird die Anzahl der Anforderungen beim Wartesystem $M/G/1$ mit der Ankunftsrate λ untersucht. Es wird angenommen, dass das Wartesystem im Zeitpunkte null frei ist.

- X_n sei die Länge der Warteschlange unmittelbar nach der Bedienung der n-ten Anforderung.
- Y_n sei die Anzahl der während der Bedienung der n -ten Anforderung eintreffenden Anforderungen.

- Z_n sei die Bedienungszeit der n-ten Anforderung mit Verteilungsfunktion B_V.

Es kann bewiesen werden, dass die Wahrscheinlichkeit b_k, dass k Anforderungen während der Bedienung der n-ten Anforderung eingetroffen sind, gleich

$$b_k = P[Y_n = k] = \int_{R^+} P[Y_n = k|Z_n = t]B_V(dt) = \int_{R^+} e^{-\lambda t}\frac{(\lambda t)^k}{k!}B_V(dt) \qquad (5\text{-}4)$$

ist. Darüber hinaus gilt die folgende Gleichung

$$q(s) = b(s) \cdot \frac{1-s}{b(s)-s} \cdot (1-\rho) \qquad (5\text{-}5)$$

wobei

- $\rho = E(Z_n)/(1/\lambda)$ der Auslastungsgrad,
- $q(s) = \sum_{k=0}^{\infty} q_k \cdot s^k$ die erzeugende Funktion von $q_k = lim_{n\to\infty} P[X_n = k]$ (k ist eine natürliche Zahl) und
- $b(s) = \sum_{k=0}^{\infty} b_k \cdot s^k$ die erzeugende Funktion von b_k

bezeichnet.

Wie in Abschnitt 4.2.2 beschrieben, ist das Wartesystem $M/D/1$ bei der Modellierung anzuwenden. Sei die konstante Bedienungszeit $= T$ ($\rho = T/(1/\lambda) = \lambda T$), dann gilt:

$$b_k = e^{-\lambda T}\frac{(\lambda T)^k}{k!} \qquad (5\text{-}6)$$

Somit kann $b(s)$ explizit dargestellt werden:

$$b(s) = \sum_{k=0}^{\infty} e^{-\lambda T}\frac{(\lambda T)^k}{k!} \cdot s^k$$

$$= e^{-\lambda T} \cdot \sum_{k=0}^{\infty} \frac{(\lambda T s)^k}{k!}$$

$$= e^{-\lambda T} \cdot e^{\lambda T s}$$

$$= e^{-\rho(1-s)} \qquad (5\text{-}7)$$

Demzufolge kann die Gleichung (5-5) umgeschrieben werden:

$$q(s) = \sum_{k=0}^{\infty} q_k \cdot s^k = e^{-\rho(1-s)} \cdot \frac{(1-s)}{e^{-\rho(1-s)}-s} \cdot (1-\rho) \qquad (5\text{-}8)$$

q_k ergibt sich aus dem Quotient der k-ten Ableitung mit $s = 0$ und $k!$

$$q_k = \frac{\left(e^{-\rho(1-s)} \cdot \frac{(1-s)}{e^{-\rho(1-s)} - s} \cdot (1-\rho)\right)^{(k)}}{k!} \quad (mit\ s = 0) \qquad (5\text{-}9)$$

Hier bezeichnet q_k die Wahrscheinlichkeit, dass die Länge der Warteschlange unmittelbar nach der Bedienung der n-ten ($n \to \infty$) Anforderung gleich k ist. Dies bedeutet, dass q_k die Verteilung der Anzahl der Anforderungen im Wartesystem in der stationären Phase ist.

Jetzt wird die die Differenz der Eingangs- (E) und Ausgangsbelastung (A) betrachtet. Es gilt, dass $E - A$ die Differenz der Anzahl der Anforderungen im Wartesystem zwischen Beginn und Ende des Auswertezeitraums ist. Weil sich das Wartesystem unter der maximalen Leistungsfähigkeit in der stationären Phase befindet, ist die Anzahl der Anforderungen zwischen Beginn und Ende des Auswertezeitraums gleich verteilt (= $\langle q_k \rangle$). Damit kann die Verteilung der Differenz $E - A$ wie folgt dargestellt werden:

$$P[E - A = 0] = \sum_{i=0}^{\infty} P[X_n = i\ und\ X_m = i] = \sum_{i=0}^{\infty} q_i^2 \qquad (5\text{-}10)$$

$$P[E - A = -k] = \sum_{i=k}^{\infty} P[X_n = i\ und\ X_m = i - k] = \sum_{i=0}^{\infty} q_i \cdot q_{i-k} \qquad (5\text{-}11)$$

$$P[E - A = k] = \sum_{i=k}^{\infty} P[X_n = i - k\ und\ X_m = i] = \sum_{i=0}^{\infty} q_{i-k} \cdot q_i \qquad (5\text{-}12)$$

wobei

- X_n und X_m die Anzahl der Anforderungen zwischen Beginn und Ende des Auswertezeitraums

bezeichnet.

Gleichzeitig ist $k > 0$. Aus den Formeln (5-10), (5-11) und (5-12) wird deutlich, dass die Datenpunkte ($E - A$) eine symmetrische vom Auslastungsgrad η abhängige Verteilung besitzen.

Wie in den Formeln (5-10), (5-11) und (5-12) dargestellt, ergibt sich die Verteilung der Datenpunkte aus einer unendlichen Summierung, welche nicht explizit durch elementare Funktionen dargestellt werden kann. Um das Verhältnis der Varianz bzw. Standardabweichung von $E - A$ zu untersuchen, wird an dieser Stelle eine Monte-Carlo-Methode mit einem einfachen Modell eingesetzt. Im Modell wird ein Blockabschnitt auf einer freien Strecke als eine (einkanalige) Bedienungsstelle abgebildet. Hierbei entspricht der Ankunftsabstand den Anforderungen der Zugfolgezeit und die Bedienungszeit der Sperr- bzw. Belegungszeit auf der Strecke. Die Kapazität des Warteraums der Bedienungsstelle wird als unendlich angenommen (siehe Abbildung 16).

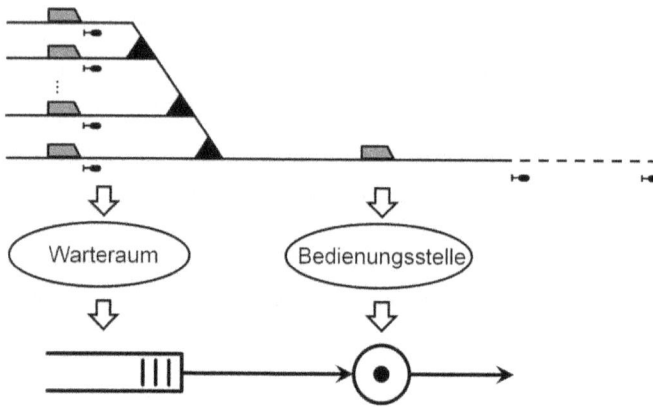

Abbildung 16: Einfaches Modell für die Simulation

Da das zu untersuchende Wartesystem $M/D/1$ und die Verteilung der Datenpunkte nur vom Auslastungsgrad η abhängig ist, kann die Bedienungszeit in der Simulation beispielsweise von 200s (konstant) angenommen werden. Der Ankunftsprozess ist negativ-exponentiell verteilt und so variiert, dass die entsprechende Eingangsbelastung von 1% bis 100% mit der Schrittbereite 1% verläuft, damit verschiedene Auslastungsgrade untersucht werden können. Für jeden Auslastungsgrad werden jeweils 10.000 Wiederholungen durchgeführt, damit das Ergebnis der Simulation statistisch gesichert ist und in einer annehmbaren Zeit ermittelt werden kann. Aus jeder Simulation werden Eingangs- und Ausgangsbelastung ermittelt, um die Verteilung der Datenpunkte $(E - A)$ zu untersuchen. Dabei sind drei repräsentative Simulationsergebnisse (Auslastungsgrad = 30%, 50% und 70%) mit den Formeln (5-10), (5-11) und (5-12) zu vergleichen, um so die Plausibilität der Simulation zu zeigen. In Abbildung 17 werden die Verteilungen der Datenpunkte von verschiedenen Auslastungsgraden gegeneinander aufgetragen. Die Ergebnisse der Simulation und der Analyse sind, bis auf die stochastische Streuungen, gleich.

Die Maximale Leistungsfähigkeit

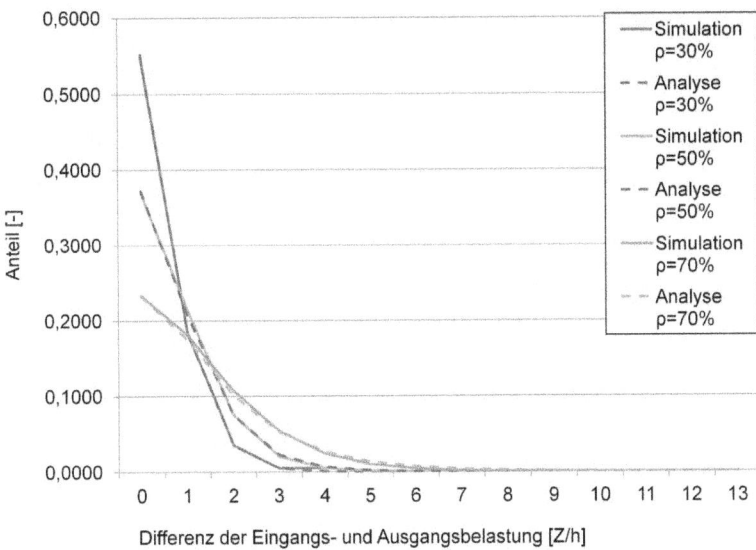

Abbildung 17: Vergleich der Ergebnisse (Differenz der Eingangs- und Ausgangsbelastung) zwischen Simulation und Analyse

In der hier neu entwickelten, im Abschnitt 5.3.3 beschriebenen Methode werden die Fahrplanverdichtungen gleichmäßig von 0% bis 125% generiert. Die Standardabweichung der Differenz von Eingangs- und Ausgangsbelastung, die mit den Fahrplanverdichtungen ermittelt wird, entspricht der durchschnittlichen Standardabweichung aller Auslastungsgrade (1% bis 99%) der Simulationen. In Abbildung 18 wird das Verhältnis von Auslastungsgrad und zugehöriger Standardabweichung der Differenz von Eingangs- und Ausgangsbelastung, die mit der Monte-Carlo-Methode ermittelt wurde, dargestellt.

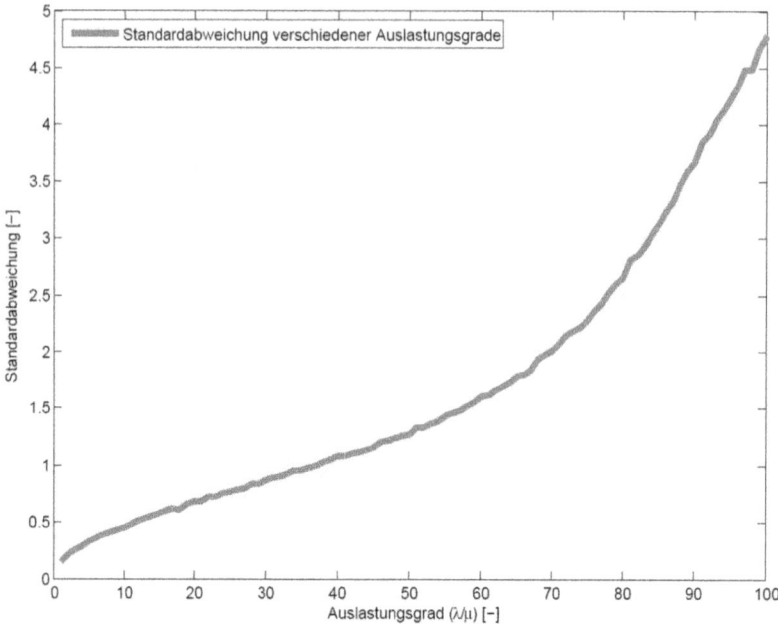

Abbildung 18: Standardabweichung der Differenz der Eingangs- und Ausgangsbelastung bei verschiedenen Auslastungsgraden

Die durchschnittliche Standardabweichung beträgt 1,7. Bei sehr hohen Auslastungsgraden beträgt diese ca. 4,5. Damit kann berechnet werden, dass das Kriterium 2 ∗ Standardabweichung (σ), das zur Suche drei nacheinander auftretender signifikanter Abweichungspunkte dient, ca. dem 0,756-fachen der Standardabweichung des hohen Auslastungsgrads entspricht:

$$1{,}7 * 2/4{,}5 = 0{,}756$$

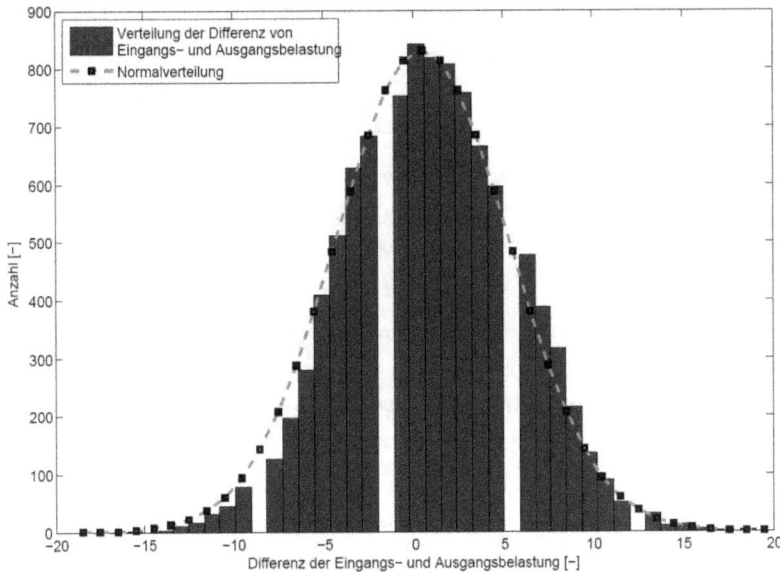

Abbildung 19: Verteilung der Differenz von Eingangs- und Ausgangsbelastung bei hohem Auslastungsgrad

Da die Verteilung der Differenz zwischen der Eingangs- und Ausgangsbelastung bei hohem Auslastungsgrad ähnlich der Normalverteilung ist (siehe Abbildung 19), kann die Wahrscheinlichkeit (Fehler 1. Art), dass der mit dem Kriterium gefundenen Punkt p_g noch unter der maximalen Leistungsfähigkeit (d.h. der Erwartungswert von $(E_{p_g} - A_{p_g})$ beträgt noch null) liegt, anhand der Eigenschaft der Normalverteilung ermittelt werden:

$$1 - F(0{,}756\sigma) = \frac{1}{\sigma \cdot \sqrt{2\pi}} \cdot \int_{-\infty}^{0{,}756\sigma} e^{-\frac{1}{2}\left(\frac{t}{\sigma}\right)^2} dt = 0{,}2248 \qquad (5\text{-}13)$$

wobei

- $F(x)$ die Verteilungsfunktion der Normalverteilung

bezeichnet.

In der im Abschnitt 5.3.3 vorgestellten neuen Methode werden drei aufeinander folgende Punkte mit diesem Kriterium gesucht. Daraus ergibt sich die Wahrscheinlichkeit, dass die gefundene signifikante Abweichung zwischen Eingangs- und Ausgangsbelastung falsch lokalisiert wird:

$$p = 0{,}2248^3 = 0{,}01136\ (1{,}136\% \approx 1{,}1\%) \qquad (5\text{-}14)$$

Hierbei setzt eine Annahme voraus, dass die durchschnittliche Standardabweichung hinreichend genau bestimmt werden kann. Diese Annahme kann durch Anpassung der Anzahl der Fahrplanverdichtungen gewährleistet werden (siehe Abschnitt 5.3.5).

Im dritten Schritt (Kalibrierung) der Methode wird immer der beste passende Wert gesucht, bei dem die Summe des quadratischen Fehlers (Abweichung) zwischen den Datenpunkten und den zwei Geraden $g1$ und $g2$ (vgl. Abbildung 15) minimiert wird. Zusammengefasst liefert diese Methode mit 98,9% (100% - 1,1%) Genauigkeit das beste passende Ergebnis.

Bei der weiteren Verwendung kann das Verfahren noch modifiziert werden, damit die Genauigkeit zur Bestimmung des signifikanten Abweichungspunkts je nach Bedarf erhöht wird. Hierbei wird das Kriterium ($Koeffizient * \sigma$) zur Suche des signifikanten Abweichungspunktes angepasst und in der Formel (5-14) eingesetzt, daraus ergibt sich die Genauigkeit des Verfahrens.

5.3.5 Anzahl der benötigten Fahrplanverdichtungen

Die Bestimmung der durchschnittlichen Standardabweichung der Differenz von Eingangs- und Ausgangsbelastung hängt von der Anzahl n der Datenpunkte (Fahrplanverdichtungen) ab. Je mehr Fahrplanverdichtungen zur Auswertung verfügbar sind, desto exakter wird die durchschnittliche Standardabweichung ermittelt. Gleichzeitig steigt jedoch auch der Zeitaufwand zur Generierung und Simulation der Fahrplanverdichtungen. Deswegen wird die minimal benötige Anzahl der Fahrplanverdichtungen für eine vorgegebene Genauigkeit berechnet.

Nach [Anderson et al. 2011] kann die benötige Anzahl der Stichproben (Fahrplanverdichtung) mittels der Varianz des zu untersuchenden Parameters und der Testgröße des Gauß-Tests ermittelt werden:

$$n \geq \frac{z_{1-\alpha/2}^2 \cdot s^2}{e^2}$$ (5-15)

wobei

- $z_{1-\alpha/2}^2$ die Testgröße des Gauß-Tests[15] mit der Irrtumswahrscheinlichkeit α,
- s^2 die Varianz des zu untersuchenden Parameters und
- e den tolerierbaren Fehler des Parameters

bezeichnet.

Im Verfahren von Abschnitt 5.3.3 wird angenommen, dass $\alpha = 5\%$ und $s^2/e^2 \approx 20$ gilt. Daraus ergibt sich die benötigte Anzahl der Fahrplanverdichtungen:

$$n \geq z_{1-\alpha/2}^2 \cdot \frac{s^2}{e^2} = 1{,}96^2 \cdot 20 \approx 80$$ (5-16)

Diese Anzahl entspricht der Anzahl der zu generierenden Fahrplanverdichtungen

4 * 100% / 5% = 80.

Bei der weiteren Untersuchung können die Irrtumswahrscheinlichkeit und der tolerierbare Fehler angepasst werden. Die benötigte Anzahl der Fahrplanverdichtungen ergibt sich aus der Formel (5-16).

5.4 Schlussfolgerung

Das im Abschnitt 5.3 vorgestellte Verfahren zur Bestimmung der maximalen Leistungsfähigkeit kann mit entsprechenden Annahmen, deren Plausibilität nachgewiesen wurde auch in der praxisbezogenen Anwendung genutzt werden. Sowohl die Genauigkeit als auch der Aufwand des Verfahrens sind akzeptabel und je nach Anwendungsbedarf anpassbar. Die so bestimmte Wartezeitfunktion wird gegenüber den bisher angewendeten Verfahren aussagekräftiger.

---

[15] $z_{1-\alpha/2}$ mit $\alpha = 5\%$ beträgt 1,96.

6 Modellierung der Wartezeitfunktion

6.1 Überblick

Nach der Theorie von [Hertel 1992] ergibt sich der optimalen Leistungsbereich unmittelbar aus der Wartezeitfunktion. Deswegen spielt diese bei der Leistungsuntersuchung eine entscheidende Rolle. Das Ergebnis der Untersuchung ist nur plausibel, wenn die Wartezeitfunktion hinreichend genau bestimmt wird. In diesem Kapitel wird die Modellfunktion für die Wartezeitfunktion in der simulativen Methode weiter entwickelt, damit die Anpassungsfähigkeit der Modellfunktion bei der Abbildung des realen Eisenbahnbetriebs erhöht werden kann.

6.2 Vorhandene Modellfunktion

6.2.1 Mathematischer Hintergrund

Anfang 1990er wurde die Wartezeitfunktion erstmals in der Leistungsuntersuchung auf zweigleisigen Eisenbahnstrecken von Hertel und Ludwig (siehe [Hertel 1992] und [Ludwig 1990]) eingesetzt. Die Infrastruktur wurde als Bediensystem (Wartesystem) und die Züge wurden als Anforderungen im Bediensystem modelliert. In [Ludwig 1990] wurde die Wartezeitfunktion des Wartesystems $M/M/1$ in stationären Phase angenommen, um die Modellfunktion abzuleiten:

$$E(W) = EW_t = \frac{1}{\mu} \cdot \frac{\lambda}{\mu - \lambda} = \frac{1}{\mu} \cdot \frac{\eta}{1 - \eta} \qquad (6\text{-}1)$$

wobei:

- $E(W) = EW_t$ den Erwartungswert der Wartezeit,
- $1/\mu$ die durchschnittliche Bedienungszeit,
- $1/\lambda$ den durchschnittlichen Ankunftsabstand der Anforderungen,
- $\eta = \lambda/\mu$ die Auslastungsgrad

bezeichnet.

Andere Modellansätze, wie z.B. das in Abschnitt 4.2.2 erklärte Wartesystem $M/D/1$, können je nach Aufgabestellung der Untersuchung angenommen werden. Hierbei ist es möglich, die Allen-Cunnen Approximationsformel aus [Allen 1978] für Wartesysteme $G/G/1$ zu nutzen, um eine allgemeine Modellfunktion für einkanalige Wartesysteme zu finden.

$$EW_t \approx \frac{1}{\mu} \cdot \frac{\eta}{1 - \eta} \cdot \frac{c_A^2 + c_B^2}{2} \qquad (6\text{-}2)$$

wobei

- EW_t den Erwartungswert der Wartezeit,
- $1/\mu$ die durchschnittliche Bedienungszeit,
- $1/\lambda$ den durchschnittlichen Ankunftsabstand der Anforderungen,
- $\eta = \lambda/\mu$ die Auslastungsgrad
- $c_A{}^2$ sowie $c_B{}^2$ den Variationskoeffizient des Ankunfts- und Bedienprozesses

bezeichnet.

6.2.2 Modellfunktion mit zwei Parametern

In [Ludwig 1990] wurde erstmals die Modellfunktion der Wartezeitfunktion für die Leistungsuntersuchung auf zweigleisigen Eisenbahnstrecken vorgestellt:

$$EW_t = a \cdot \frac{\eta}{(1-\eta)^b} \qquad (6\text{-}3)$$

wobei

- η den Auslastungsgrad und
- a, b die anzupassenden Parameter

bezeichnen

Wenn die zu untersuchende Infrastruktur sowie das Betriebsprogramm vorgegeben werden, sind die durchschnittliche Bedienungszeit $1/\mu$ (Mindestzugfolgezeit) sowie die Variationskoeffizienten $c_A{}^2$ und $c_B{}^2$ der Ankunfts- und Bedienprozesse festgelegt. Der Parameter a in der Modellfunktion entspricht den beiden Termen $1/\mu$ und $(c_A^2 + c_B^2)/2$ in Formel (6-2). Der Parameter b dient zur Anpassung der Modellfunktion an verschiedene Betriebsprogramme sowie Infrastrukturen.

6.2.3 Nachteile der vorhandenen Modellfunktion

In [Ludwig 1990] wurde bestätigt, dass das Bestimmtheitsmaß der Modellfunktion der Wartezeitfunktion (6-3) für die Teilstreckenbeispiele in der Nähe von 1 liegt. Dies weist darauf hin, dass die Modellfunktion sehr gut zu den Untersuchungsfällen passt. Bei Leistungsuntersuchungen sind große Eisenbahnkonten sowie große Netzabschnitte oftmals von höherer Bedeutung als einzelne Streckenabschnitte, zumal diese durchaus auch unter vertretbarem Aufwand analytisch untersucht werden können. Die Modellfunktion wird erstmals in [Schmidt 2009] unverändert für die Wartezeitfunktion eines Teilnetzes angewendet. Die Modellfunktion (6-3) besitzt bei den Anwendungsbeispielen in [Schmidt 2009] eine gewisse Anpassungsfähigkeit zu den Simulationsergebnissen des Teilnetzes. Gleichzeitig wurden jedoch geringe, aber systematische Abweichungen zwischen beobachteten Datenpunkten und Modellfunktion (siehe Abbildung 20) erkennbar.

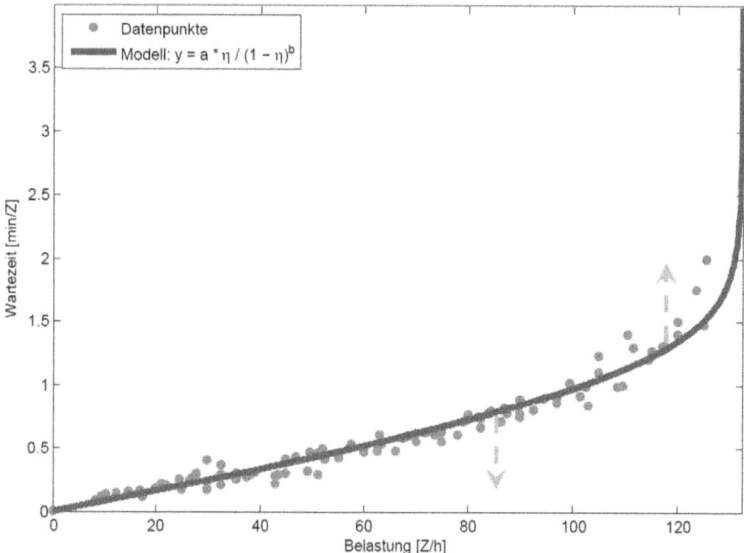

Abbildung 20: systematische Abweichungen zwischen beobachteten Datenpunkten und Modellfunktion (reales Stadtbahnnetz)

Deshalb soll eine neue Modellfunktion, die für unterschiedliche Untersuchungsfälle (Infrastruktur und Betriebsprogramm) eine bessere Anpassungsfähigkeit besitzt, entwickelt werden, so dass der sich ergebende optimale Leistungsbereich mehr Aussagekraft erhält.

6.3 Neue Modellfunktion

6.3.1 Überblick

In diesem Abschnitt werden Modellfunktionen der Wartezeitfunktion unter verschiedenen Aspekten betrachtet. Die entsprechenden Bestimmtheitsmaße werden untersucht und verglichen. Die Simulationsergebnisse aus dem einfachen Modell (Wartesystem $M/D/1$) aus Abschnitt 5.3.4 werden als Grunddaten verwendet. Beträgt das Bestimmtheitsmaß einer Modellfunktion zu den Daten mindestens 0,99, wird die entsprechende Modellfunktion anhand praxisrelevanter Daten untersucht. Diejenige Modellfunktion, die das größte Bestimmtheitsmaß besitzt, wird als neue Modellfunktion für künftige Untersuchungen empfohlen.

6.3.2 Modellfunktionen direkt mit elementaren Funktionen

Jede unendlich oft differenzierbare Funktion lässt sich mit der Hilfe der Taylor Entwicklung als Polynom darstellen. Unter der Annahme, dass die Modellfunktion der Wartezeitfunktion (unter der maximalen Leistungsfähigkeit) unendlich oft differenzierbar ist, kann die Modellfunktion ebenfalls mit Polynomen approximiert werden. Hierbei werden Polynome zweiten und dritten Grades als Modellfunktion eingesetzt, um jeweils zu testen ob das Bestimmtheitsmaß höher ist als die vorhandene Modellfunktion.

$$EW_t = a_1 \cdot x^2 + b_1 \cdot x + c_1 \quad\quad\quad (6\text{-}4)$$

$$EW_t = a_2 \cdot x^3 + b_2 \cdot x^2 + c_2 \cdot x + d_2 \quad\quad\quad (6\text{-}5)$$

wobei

- x die Belastung

bezeichnet.

Das Polynom mit höherem Grad wird nicht empfohlen, weil ein Polynom mit kleinem Grad zur Approximation der Menge der Datenpunkte genügt.

Die zu bestimmenden Parameter a_1, b_1, c_1, a_2, b_2, c_2 und d_2 in den Modellfunktionen (6-4) und (6-5) haben einen linearen Charakter. Zur Festlegung der Parameter kann die Methode der kleinsten Quadrate (siehe Abschnitt 6.3.4) verwendet werden. Um die Robustheit der Anpassung der Modellfunktion zu erhöhen wird das robuste Regressionsverfahren mit Gewichtfunktion „bisquare" eingesetzt (siehe Abschnitt 6.3.4). Die Datenpunkte ergeben sich aus der Simulation des einfachen Modells (Wartesystem $M/D/1$) mit 200 s Bedienungszeit und 7200 s (zwei Stunden) Vorlaufzeit. Die angepassten Modellfunktionen werden in Abbildung 21 dargestellt. Intuitiv ist leicht zu sehen, dass die systematische Abweichung bei hoher Belastung zwischen den beiden Modellfunktionen (6-4) und (6-5) und den Datenpunkten liegt. Hierbei beträgt das Bestimmtheitsmaß der beiden Modellfunktionen jeweils 0,9843 (Polynom zweiten Grades) und 0,9964 (Polynom dritten Grades). Im Vergleich dazu beträgt das Bestimmtheitsmaß der bisher verwendeten Modellfunktion (6-3) 0,9961.

Modellierung der Wartezeitfunktion

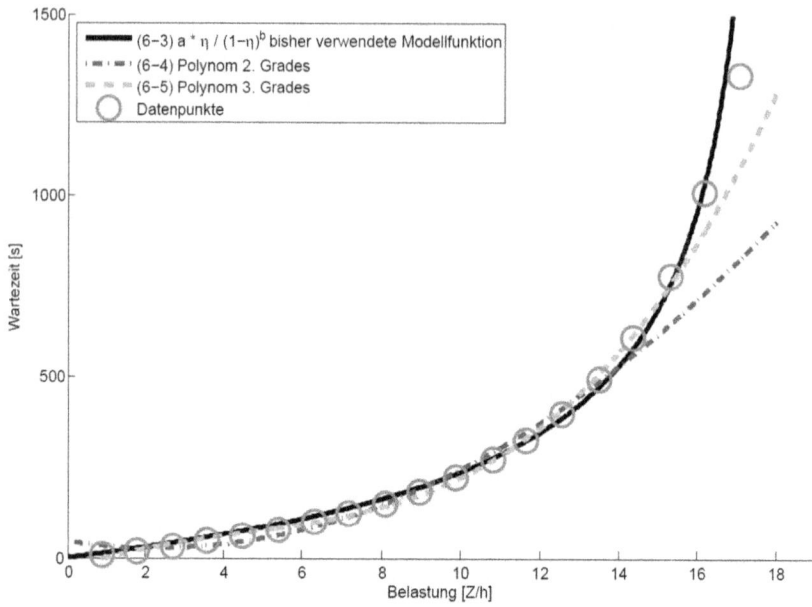

Abbildung 21: Polynom als Modellfunktion

Obwohl das Bestimmtheitsmaß des Polynoms dritten Grades besser als das Bestimmtheitsmaß der bisher verwendeten Modellfunktion (6-3) ist, kann nicht trivial bestätigt werden, dass das Polynom dritten Grades als Modellfunktion besser als die bisher verwendete Modellfunktion (6-3) zu den Datenpunkten geeignet wäre, um den Zusammenhang der einzelnen Datenpunkte funktional zu beschreiben. Der Grund liegt darin, dass das Polynom vom dritten Grad vier Freiheitsgrade (a_2, b_2, c_2 und d_2) und die bisher verwendete Modellfunktion (6-3) nur zwei Freiheitsgrade (a und b) besitzt. Um dieses Problem zu umgehen, wird das korrigierte Bestimmtheitsmaß[16] zum Vergleich der bisher verwendeten Modellfunktion (6-3) verwendet (siehe Tabelle 2).

---

[16] Das korrigierte Bestimmtheitsmaß ergibt sich zu $\bar{R}^2 = 1 - (1 - R^2) \cdot \frac{n-1}{n-p-1}$, wobei R^2 das Bestimmtheitsmaß, n die Anzahl der Datenpunkte und p der Freiheitsgrad der Modellfunktion bezeichnet.

Modellfunktion	Bestimmtheitsmaß	Korrigiertes Bestimmtheitsmaß
$EW_t = a \cdot \dfrac{\eta}{(1-\eta)^b}$ (6-3)	0,9961	0,9959
$EW_t = a_1 \cdot x^2 + b_1 \cdot x + c_1$ (6-4)	0,9843	0,9823
$EW_t = a_2 \cdot x^3 + b_2 \cdot x^2 + c_2 \cdot x + d_2$ (6-5)	0,9964	0,9957

Tabelle 2: Vergleich des Bestimmtheitsmaßes (Polynome als Modellfunktion (6-4) und (6-5) mit der bisher verwendeten Modellfunktion (6-3))

Da auch das korrigierte Bestimmtheitsmaß der bisher verwendeten Modellfunktion (6-3) größer ist als das der Polynome (6-4) und (6-5), kann festgelegt werden, dass die Aussagekraft der bisher verwendeten Modellfunktion (6-3) höher ist als bei den zwei Polynom-Modellfunktionen (6-4) und (6-5).

Neben den Polynomen ist die Exponentialfunktion ebenfalls eine elementare Funktion, die als Modellfunktion verwendet werden kann. Entsprechend der Eigenschaft der Exponentialfunktion fängt die Funktion mit dem Wert eins an, wenn das Definitionsintervall [0, 1] ist. Die Wartezeit im Eisenbahnbetrieb mit null Zügen beträgt offensichtlich null. Um den Anfangspunkt zu modifizieren, kann ein zusätzlicher Term auf zwei Arten hinzugefügt werden:

$$EW_t = a_3 \cdot e^{b_3 \cdot \eta} \cdot \eta^{c_3} \qquad (6\text{-}6)$$

$$EW_t = a_4 \cdot \left(e^{b_4 \cdot \eta} - 1\right) \qquad (6\text{-}7)$$

wobei

- η den Auslastungsgrad (Belastung / maximale Leistungsfähigkeit) und
- a_3, a_4, b_3, b_4, c_3 die anzupassenden Parameter

bezeichnen

Zur Anpassung der Modellfunktionen (6-6) und (6-7) werden ebenfalls die Methode der kleinsten Quadrate und das robuste Regressionsverfahren mit „bisquare"-Gewichtfunktion verwendet werden. Die Approximationsergebnisse werden in Abbildung 22 dargestellt. Bei niedrigen Belastungen ist die Abweichung zwischen den als Modellfunktion verwendeten Exponentialfunktionen (6-6) bzw. (6-7) und den Datenpunkten kleiner als die Abweichung der bisher verwendeten Modellfunktion (6-3). Jedoch ist die Abweichung der bisher verwendeten Modellfunktion (6-3) bei hohen Belastungen nach wie vor kleiner.

Modellierung der Wartezeitfunktion

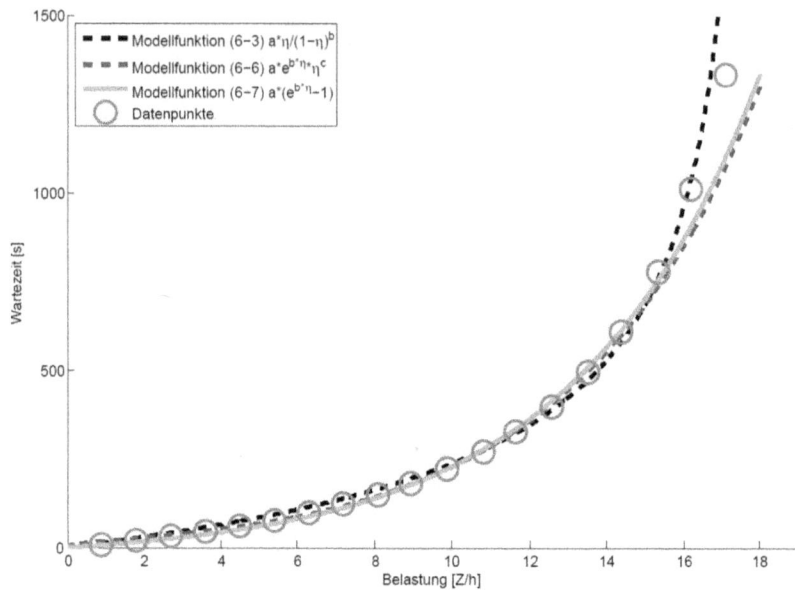

Abbildung 22: Exponentialfunktionen als Modellfunktion

Modellfunktion		Bestimmtheitsmaß	Korrigiertes Bestimmtheitsmaß
$EW_t = a \cdot \dfrac{\eta}{(1-\eta)^b}$	(6-3)	0,9961	0,9959
$EW_t = a_3 \cdot e^{b_3 \cdot \eta} \cdot \eta^{c_3}$	(6-6)	0,9989	0,9989
$EW_t = a_4 \cdot \left(e^{b_4 \cdot \eta} - 1\right)$	(6-7)	0,9981	0,9980

Tabelle 3: Vergleich des Bestimmtheitsmaßes (Exponentialfunktionen als Modellfunktion (6-6) (6-7) mit der bisher verwendeten Modellfunktion (6-3))

In Tabelle 3 werden die Bestimmtheitsmaße der bisher verwendeten Modellfunktion (6-3) und der Exponentialfunktion (6-6) bzw. (6-7) verglichen. Es wird ersichtlich, dass die beiden Modellfunktionen mit Exponentialfunktionen eine bessere Anpassungsfähigkeit als die bisher verwendete Modellfunktion (6-3) besitzen. Später werden ihre Anpassungsfähigkeiten an die Datenpunkte mit weiteren Daten verglichen (siehe Abschnitt 6.3.5).

6.3.3 Modellfunktion mit drei Parametern

Theoretisch können noch weitere Funktionen (z. B. beliebige trigonometrische Funktion, gebrochen rationale Funktion usw.) als Modellfunktion für die Wartezeitfunktion getestet werden. In der praktischen Anwendung ergeben sich die Datenpunkte aus dem Betrieb des spurgeführten Systems, der als Wartesystem modelliert werden soll. Deswegen erscheint es nicht sinnvoll, weitere Tests mit beliebiger Funktion durchzuführen, sondern die vorhandenen Wartezeitfunktionen des bekannten Wartesystemmodells zu verwenden. In diesem Abschnitt wird eine Modellfunktion, die aus bekannter Wartezeitfunktion eines Wartesystemmodells abgeleitet ist, dargestellt.

Die Wartezeitfunktion in der stationären Phase des Wartesystems $M/M/1$ wurde bereits in Form (6-1) dargestellt. Die bisher verwendete Modellfunktion (6-3) von Ludwig ([Ludwig 1990]) ist aus dieser Wartezeitfunktion abgeleitet, zeigt aber ebenfalls systematische Abweichungen zu den Datenpunkten insbesondere im Bereich niedriger und hoher Belastung (siehe Abbildung 20 und Abbildung 21). Deshalb wird versucht, einen weiteren Parameter c in der Modellfunktion einzusetzen, um so die Flexibilität der Modellfunktion zu erhöhen. Eine Möglichkeit ist, dass der dritte Parameter direkt auf den Zähler η wirkt (siehe Abbildung 23):

$$EW_t = a_5 \cdot \frac{\eta^{c_5}}{(1-\eta)^{b_5}} \qquad (6\text{-}8)$$

wobei

- η den Auslastungsgrad und
- a_5, b_5 die anzupassenden Parameter

bezeichnet

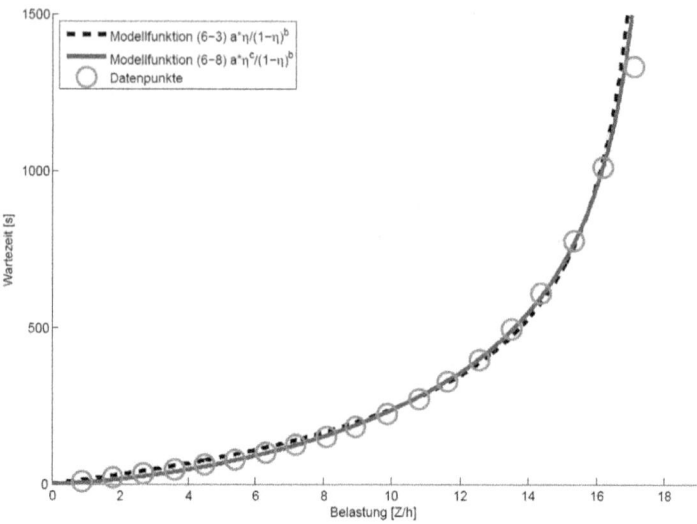

Abbildung 23: Modellfunktion mit drei Parametern

Zur Anpassung der Modellfunktion (6-8) werden ebenfalls die Methode der kleinsten Quadrate und das robuste Regressionsverfahren mit „bisquare"-Gewichtfunktion verwendet. Aus dem Approximationsergebnis (siehe Abbildung 23) wird deutlich, dass die neue Modellfunktion (6-8) mit drei Parametern besser als die bisher verwendete Modellfunktion mit zwei Parametern zu den Datenpunkten passt. Die systematische Abweichung zwischen der neuen Modellfunktion (6-8) mit drei Parametern (6-8) und den Datenpunkten erscheint nur bei hohen Belastungen. Da diese neue Modellfunktion (6-8) einen Freiheitsgrad mehr besitzt als die bisher verwendete Modellfunktion (6-3), ist das korrigierte Bestimmtheitsmaß zu untersuchen.

Modellfunktion		Bestimmtheitsmaß	Korrigiertes Bestimmtheitsmaß
$EW_t = a \cdot \dfrac{\eta}{(1-\eta)^b}$	(6-3)	0,9961	0,9959
$EW_t = a_5 \cdot \dfrac{\eta^{c_5}}{(1-\eta)^{b_5}}$	(6-8)	0,9992	0,9991

Tabelle 4: Vergleich des Bestimmtheitsmaßes der Modellfunktionen mit zwei und drei Parametern

In Tabelle 4 ist leicht zu erkennen, dass die neue Modellfunktion (6-8) mit drei Parametern deutlich besser geeignet ist, als die bisher verwendete Modellfunktion (6-3) mit zwei Parametern. Die Anpassungsfähigkeit der neuen Modellfunktion (6-8) mit drei Parametern wird in Abschnitt 6.3.5 mit weiteren Daten analysiert. Die bisher verwendete Modellfunktion (6-3) und die neue Modellfunktion (6-8) stammen aus der Wartezeitfunktion eines Wartesystems in stationärer Phase. Die Untersuchung der nicht-stationären Phase ist zwar kein Schwerpunkt der vorliegenden Arbeit, jedoch ergibt sich hier ein Bedarf für weiterführende Forschungen, die eine Betrachtung der nicht-stationären Phase bei der Modellierung der Wartezeitfunktion einbeziehen.

6.3.4 Approximationsmethode

Bevor die Bestimmtheitsmaße der neuen Modellfunktion (6-8) mit weiteren Daten getestet werden, wird in diesem Abschnitt die einheitlich angewendete Approximationsmethode erläutert.

Bei der Anpassung einer Modellfunktion wird im Allgemeinen die Methode der kleinsten Quadrate verwendet. Das Ziel der Methode besteht darin, die Parameter $\alpha = (\alpha_1\, \alpha_2\, ...\, \alpha_m)$ der Modellfunktion so festzulegen, dass die quadratischen Abweichungen zwischen der Modellfunktion $f(x_i, \alpha)$ und den Daten (x_i, y_i) minimiert wird:

$$\min_{\alpha} \sum_{i=1}^{n}(f(x_i,\alpha) - y_i)^2 = \min_{\alpha}\left\|\vec{f} - \vec{y}\right\|_2^2 \qquad (6\text{-}9)$$

wobei

- $\vec{f} = (f(x_1,\alpha), f(x_2,\alpha), ..., f(x_n,\alpha))$,
- $\vec{y} = (y_1, y_2, ..., y_n)$
- $\|*\|_2$ die euklidische Norm

bezeichnet

Wie genau die Parameter α bestimmt werden, hängt von der Art der Modellfunktion ab. Im folgenden Abschnitt werden die Methoden zur Bestimmung der Parameter α erklärt.

Falls lineare Parameter verwendet werden, wird auch die Modellfunktion in linearer Form dargestellt:

$$f(x,\alpha) = \sum_{j=1}^{m} \alpha_j \cdot f_j(x) \qquad (6\text{-}10)$$

wobei

- α_j die Parameter der Modellfunktion
- $f_j(x)$ die Teilfunktion bzgl. des Parameters α_j

bezeichnet.

Das Minimierungsproblem (6-9) der linearen Modellfunktion kann dann als Matrix und Vektor dargestellt werden:

$$\min_\alpha \|A \cdot \alpha - \vec{y}\|_2^2 \qquad (6\text{-}11)$$

wobei

- A (Matrix) der lineare Darstellung von $f_j(x_i)$,
- α dem Vektor der Parameter,
- $\vec{y}$ dem Vektor der Beobachtungswerte

entspricht

Damit kann bewiesen werden (siehe [Björck 1996]), dass sich die Lösung des Minimierungsproblems aus einem linearen Gleichungssystem ergibt:

$$A^T \cdot A \cdot \alpha = A^T \cdot y \qquad (6\text{-}12)$$

Für manche Aufgabestellungen ist die Modellfunktion nicht explizit linear darstellbar (z.B. Modellfunktion (6-6), (6-7), usw.). Mit Hilfe des Logarithmus können geeignete nicht lineare Modellfunktion linearisiert werden [Schmidt 2009]. Im Allgemeinen besteht eine solche Modellfunktion aus einer Potenzfunktion bzw. Exponentialfunktion, darf aber keine lineare Kombination der Funktionen (z.B. Plus- und Minus-Operation) sein. Ist die Modellfunktion (6-6)

$$EW_t = a_3 \cdot e^{b_3 \cdot \eta} \cdot \eta^{c_3}$$

zu linearisieren, wird der Logarithmus auf beiden Seiten der Gleichung angewendet:

$$\begin{aligned}\log EW_t &= \log(a_3 \cdot e^{b_3 \cdot \eta} \cdot \eta^{c_3}) \\ &= \log a_3 + b_3 \cdot \eta + c_3 \cdot \log \eta \\ &= \widetilde{a_3} + b_3 \cdot \eta + c_3 \cdot \log \eta\end{aligned} \qquad (6\text{-}13)$$

Die Parameter in der Modellfunktion (6-13) ist linear und kann mit (6-12) gelöst werden. Der Parameter a_3 von (6-6) ergibt sich aus $e^{\widetilde{a_3}}$ von (6-13).

Im Allgemeinen können nicht alle Modellfunktionen linear sein oder linearisiert werden (z.B. Modellfunktion (6-7) $EW_t = a_4 \cdot (e^{b_4 \cdot \eta} - 1)$), so dass die Methode nach Formel (6-12) nicht nutzbar ist. Ein allgemeines Verfahren zur Lösung der nichtlinearen Modellfunktionen unterscheidet zwischen Line-Search-Algorithmus und Trust-Region-Algorithmus [Jarre & Stoer 2004]. Im Line-Search-Algorithmus wird bei jedem Iterationsschritt eine Suchrichtung abgestimmt. Entlang dieser Suchrichtung wird geprüft, ob eine bessere Lösung des Minimierungsproblems gefunden werden kann. Die Suchrichtung ist eine Abstiegsrichtung, die normalerweise durch Lösen eines Teilproblems berechnet wird. Das Teilproblem approximiert das ursprüngliche Optimierungsproblem in der Nähe der Lösung des aktuellen Iterationsschritts. Deshalb gibt es immer eine bessere Lösung entlang der Suchrichtung, solange der stationäre Lösungspunkt nicht gefunden worden ist. Im Vergleich zum Line-Search-Algorithmus wird der Lösungspunkt beim Trust-Region-Algorithmus nicht mehr entlang der Suchrichtung bei jedem Iterationsschritt gesucht, sondern durch Lösung eines Approximationsmodells des ursprünglichen Minimierungsproblems in einer „Trust-Region" im Bereich des aktuellen Punktes innerhalb eines Iterationsschritts ermittelt. Die Lösung der Approximation eines Iterationsschritts wird als Punkt für den nächsten Iterationsschritt verwendet. Die „Trust-Region" wird je nach Approximationsmodell in jedem Schritt angepasst. Passt das Approximationsmodell gut zum ursprünglichen Minimierungsproblem, wird die „Trust-Region" vergrößert, ansonsten wird sie verkleinert. In dieser Arbeit wird der Trust-Region-Algorithmus verwendet, weil dieser allgemein robuster und effizienter ist als der Line-Rearch-Algorithmus. Gleichzeitig werden Globalisierungsstrategien zur Lösung eines lokalen Minimums im Trust-Region-Algorithmus verwendet.

Die genauen Schritte des Algorithmus wurden in [Conn et al. 2000] erläutert. In dieser Arbeit wird die Optimierungstoolbox der allgemein bei mathematischen Aufgabenstellungen genutzten Software Matlab[17] verwendet. Der Algorithmus für die Modellfunktionsanpassung ist auf „Trust-Region" einzustellen.

In dem hier verwendeten Simulationsmodell für den Eisenbahnbetrieb kann die Wirkung von Ausreißern nicht vernachlässigt werden. In den Simulationsdaten der zufälligen Fahrplanverdichtungen können darüber hinaus ebenfalls Ausreißer versteckt sein. Dementsprechend ist eine robuste Regression notwendig, um die Wirkung der Ausreißer zu reduzieren. Die Grundidee der robusten Regression ist die Anpassung der Gewichtung der Datenpunkte durch Iterationsschritte. In jedem Iterationsschritt wird eine niedrige Gewichtung für den Datenpunkt vergeben, wenn dieser von der Modellfunktion zu weit entfernt ist. Hierbei wird die bisquare-Gewichtungsfunktion eingesetzt.

$$w_{bisquare} = (abs(r) < 1) * (1 - r^2)^2 \qquad (6\text{-}14)$$

---

[17] Matlab 2012a

Der Wert r in (6-14) ergibt sich aus folgender Formel:

$$r = \frac{Residuum}{4{,}685 \cdot \frac{MAD}{0{,}6745} \cdot \sqrt{1-h}}$$ (6-15)

wobei

- abs der absolute Wert,
- $Residuum$ die Abweichung zwischen dem Datenpunkt und der angepassten Funktion vom letzten Iterationsschritt,
- MAD den Medianwert der absoluten Abweichung der Residuen von ihren Median und
- h den Leverage-Wert der Anpassung

bezeichnet

In der Optimierungstoolbox von Matlab ist „bisquare" für die Robust-Einstellung der Anpassungsoptionen zu wählen. In Abbildung 24 werden die Modellfunktionen (6-8) mit robuster Regression (blau) und ohne robuste Regression (grün) gegenüber gestellt. Es ist zu beachten, dass die blaue Kurve mit Ausnahme des letzten Datenpunktes (rechts) die anderen Datenpunkte besser überdeckt als die grüne Kurve. Bei der Anpassung der Modellfunktion mit robuster Regression wird der letzte Datenpunkt hierbei als Ausreißer erkannt und mit einer niedrigen Gewichtung versehen. Das korrigierte Bestimmtheitsmaß der blauen Modellfunktion mit robuster Regression ist mit 0,9991 signifikant größer als bei der grünen Modellfunktion ohne robuste Regression mit 0,9979.

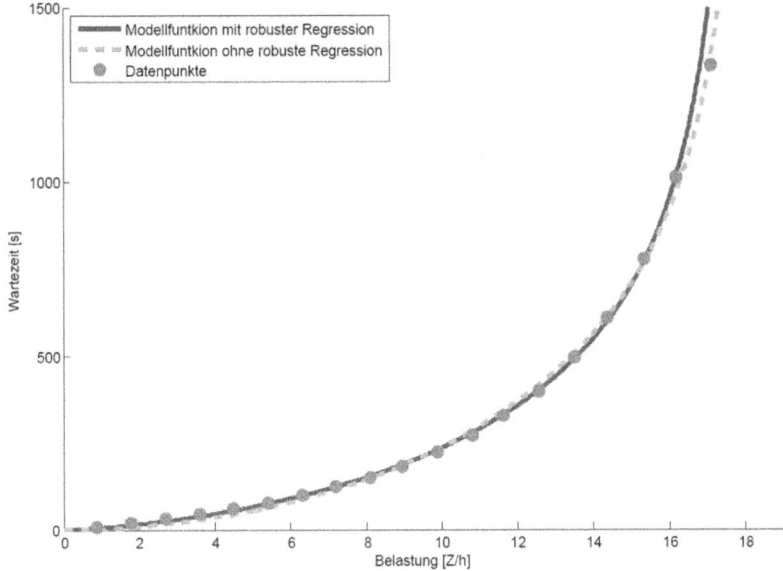

Abbildung 24: Vergleich der Anpassbarkeit der Modellfunktion mit/ohne robuste(r) Regression an die Datenpunkte

Außer dem anzuwendenden Algorithmus zur Anpassung der Modellfunktion spielt die Wahl der Datenpunkte bei der praktischen Anwendung eine wichtige Rolle. Die Datenpunkte mit niedriger und hoher Belastung werden bei der Anpassung der Modellfunktion nicht hinreichend betrachtet. Der Grund liegt darin, dass die Streuung der Datenpunkte in den beiden Bereichen bei der praktischen Anwendung relativ hoch ist, und sie trotz robuster Regression große Wirkung bei der Anpassung der Modellfunktion besitzen. Jedoch befindet sich der optimale Leistungsbereich, der unmittelbar aus der angepassten Modellfunktion für die Wartezeitfunktion ermittelt wird, eher im mittleren bis rechten Bereich der Belastung. Dementsprechend wird das Ergebnis des optimalen Leistungsbereichs aussagekräftiger, wenn die Modellfunktion die Datenpunkte im mittleren Bereich der Belastung im Sinne des Bestimmtheitsmaßes besser anpassen kann.

Obwohl die Datenpunkte mit niedriger Belastung (z.B. < 1 Zug/h oder sogar weniger als ein Zug im Simulationszeitraum) nicht zu betrachten sind, können die entsprechenden Wartezeiten nicht direkt als null betrachtet werden. Intuitiv ist es ersichtlich, dass keine Wartezeit entstehen kann, wenn nur ein Zug im System fährt. Die Wartezeitfunktion bei niedriger Belastung entspricht jedoch nicht der absoluten Zugzahl sondern der durchschnittlichen Zugzahl.

Ist z.B. die durchschnittliche Zugzahl im Simulationszeitraum kleiner als eins, kann die tatsächliche Zugzahl durchaus bei einer Fahrplanverdichtung mehr als zwei sein. Dadurch könnte Wartezeit entstehen. Deswegen kann die Wartezeitfunktion auch bei niedriger Belastung nicht direkt als null angenommen werden.

Bei der Approximation der Wartezeitfunktion werden die Datenpunkte der Belastung der ersten 5% sowie der letzten 5% bezogen auf die maximale Leistungsfähigkeit nicht verwendet. Der Grund liegt darin, dass einerseits der optimale Leistungsbereich unmittelbar durch den mittleren Teil der Wartezeitfunktion bestimmt wird. Andererseits sind die Schwankungen der Datenpunkte (0%-5% und 95%-100% bezogen auf die maximale Leistungsfähigkeit) nach der Linearisierungs-methode etwas größer als die der Datenpunkte im mittleren Teil der Wartezeitfunktion, was die Approximation der Wartezeitfunktion stark beeinflussen kann. Die Ergebnisse der so ausgewählten Datenpunkte werden für verschiedene Anwendungsfälle in Abschnitt 6.3.5 dargestellt.

6.3.5 Vergleich der Anpassungsfähigkeit der Modellfunktionen an weitere Daten

In diesem Abschnitt werden die Bestimmtheitsmaße der Modellfunktionen (6-3), (6-6), (6-7) und (6-8) in Bezug auf Daten, die unterschiedliche Arten der Infrastruktur (einfache punktförmige, einfache linienförmige, netzförmige Infrastruktur sowie großer Eisenbahnknoten) und der Betriebsprogramme repräsentieren, untersucht. Die Modellfunktion, die ein signifikant besseres Bestimmtheitsmaß als die anderen Modellfunktionen besitzt, wird dann als neue Modellfunktion für die Wartezeitfunktion bei künftigen Untersuchungen empfohlen.

Durch kleinere Modifikationen kann das einfache Modell aus Abschnitt 5.3.4 zur Untersuchung der folgenden Abzweigstelle verwendet werden:

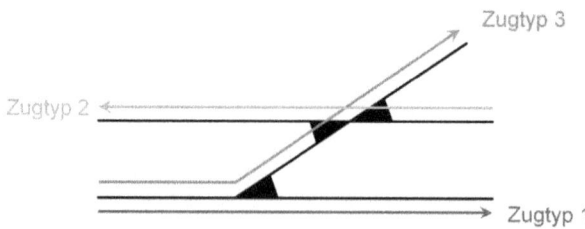

Abbildung 25: Abzweigstelle mit drei Zugtypen

Das Betriebsprogramm sowie die Mindestzugfolgezeiten sind in Tabelle 5 aufgeführt.

Zugtyp	Betriebsprogramm (Zugmix) [Z/h]	Mindestzugfolgezeit [s]
1	2	240
2	1	120
3	1	180

Tabelle 5: Betriebsprogramm und Mindestzugfolgezeiten an der Abzweigstelle

Um die Simulationsergebnisse statistisch zu sichern, werden wie in Kapitel 5 für jeden Auslastungsgrad ebenfalls jeweils 10000-mal Wiederholungen durchgeführt.

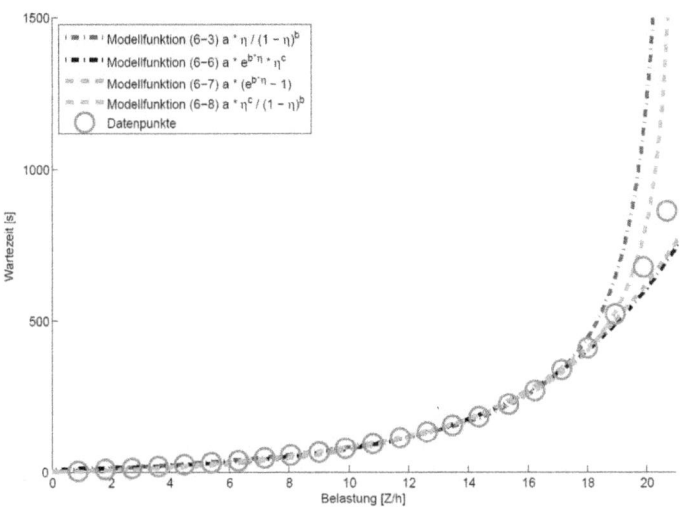

Abbildung 26: Anpassung der Modellfunktionen im Beispiel Abzweigstelle

Modellfunktion		Bestimmtheitsmaß	Korrigiertes Bestimmtheitsmaß
$EW_t = a \cdot \dfrac{\eta}{(1-\eta)^b}$	(6-3)	0,9979	0,9978
$EW_t = a_3 \cdot e^{b_3 \cdot \eta} \cdot \eta^{c_3}$	(6-6)	0,9984	0,9983
$EW_t = a_4 \cdot (e^{b_4 \cdot \eta} - 1)$	(6-7)	0,9970	0,9969
$EW_t = a_5 \cdot \dfrac{\eta^{c_5}}{(1-\eta)^{b_5}}$	(6-8)	**0,9989**	**0,9988**

Tabelle 6: Bestimmtheitsmaß verschiedener Modellfunktionen beim Abzweigstelle-Beispiel

Aus Abbildung 26 und Tabelle 6 kann ersehen werden, dass die Modellfunktion (6-8) am besten die Simulationsergebnisse (Datenpunkte) repräsentiert. Bei den anderen Modellfunktionen treten größere systematische Abweichungen zwischen den Datenpunkten und den Funktionen nicht nur bei hohem sondern auch bei mittlerem Auslastungsgrad auf. Folgende Beispiele werden nicht mehr mit dem einfachen Modell aus Abschnitt 5.3.4 sondern mit dem Simulationswerkzeug RailSys (Programmversion 7.6.12) [RMCon 2010] untersucht. Dabei entsprechen ein kleiner Eisenbahnknoten (Beispiel 1), eine lange zweigleisige Eisenbahnstrecke (Beispiel 2) und ein Teilnetz eines Stadtbahnnetzes (Beispiel 3) aus [Schmidt 2009] jeweils einer punktförmigen, linienförmigen, bzw. netzförmigen Infrastruktur. Außerdem wird ein weiteres Teilnetz des Stadtbahnnetzes (Beispiel 4) untersucht, welches ebenfalls eine netzförmige Infrastruktur besitzt. Anschließend werden die Simulationsdaten eines großen Eisenbahnknotens (Beispiel 5) zum Vergleich mit der Modellfunktion eingesetzt. Die detaillierten Informationen zu den einzelnen Beispielen enthält Anhang 8.

Modellfunktion		Beispiel 1 (punktförmig)			
		Bestimmtheits maß	Kor. Bestimmtheits maß	Optimaler Leistungsbereich [Züge/h]	Spannweite [Züge/h]
$a \cdot \dfrac{\eta}{(1-\eta)^b}$	(6-3)	0,8405	0,8383	14,42 bis 19,18	4,76
$a_3 \cdot e^{b_3 \cdot \eta} \cdot \eta^{c_3}$	(6-6)	0,8037	0,8010	19,9 bis 19,92	0,02
$a_4 \cdot \left(e^{b_4 \cdot \eta} - 1\right)$	(6-7)	0,8372	0,8349	19,9 bis 19,92	0,02
$a_5 \cdot \dfrac{\eta^{c_5}}{(1-\eta)^{b_5}}$	(6-8)	**0,8414**	**0,8392**	**14,8 bis 19,28**	**4,48**

Tabelle 7: Vergleich der Bestimmtheitsmaße der Modellfunktionen (Beispiel 1, punktförmig)

Beim ersten Beispiel mit punktförmiger Infrastruktur (siehe Tabelle 7) zeigt sich, dass die Modellfunktion (6-8) das beste (korrigierte) Bestimmtheitsmaß besitzt. In diesem Beispiel treten viele Deadlocks wegen einer eingleisigen Strecke auf. Die Ergebnisse deadlockbehafteter Simulationsläufe werden bei der Anpassung der Modellfunktion nicht berücksichtigt. Die Deadlocks können als ein Störfaktor der Anpassung der Modellfunktion betrachtet werden. Mit folgenden Beispielen wird gezeigt, dass die die Modellfunktion (6-3) im Allgemeinen ein schlechteres (korrigiertes) Bestimmtheitsmaß im Vergleich zu der Modellfunktion (6-8) besitzt. Der mit Funktion (6-8) gefundene optimale Leistungsbereich liegt etwas weiter rechts als der mit Funktion (6-3) ermittelte.

Eine weitere Erkenntnis aus diesem Beispiel ist, dass der optimale Leistungsbereich, der sich aus den zwei auf der Exponentialfunktion beruhenden Modellfunktionen (6-6) und (6-7) ergibt, direkt an die maximalen Leistungsfähigkeit grenzt. Der Grund liegt in der Einschränkung durch die Exponentialfunktion. Ein derartiger optimaler Leistungsbereich als Untersuchungsergebnis entspricht jedoch nicht der Realität. Auch deshalb sind die beiden auf der Exponentialfunktion beruhenden Modellfunktionen (6-6) und (6-7) bei der Auswahl einer neuen Modellfunktion auszuschließen.

Modellfunktion		Beispiel 2 (linienförmig)			
		Bestimmtheitsmaß	Kor. Bestimmtheitsmaß	Optimaler Leistungsbereich [Züge/h]	Spannweite [Züge/h]
$a \cdot \dfrac{\eta}{(1-\eta)^b}$	(6-3)	0,9254	0,9242	24,75 bis 35,28	10,53
$a_3 \cdot e^{b_3 \cdot \eta} \cdot \eta^{c_3}$	(6-6)	0,9354	0,9332	37,41 bis 37,45	0,04
$a_4 \cdot \left(e^{b_4 \cdot \eta} - 1\right)$	(6-7)	0,9383	0,9373	37,41 bis 37,45	0,04
$a_5 \cdot \dfrac{\eta^{c_5}}{(1-\eta)^{b_5}}$	(6-8)	0,9402	0,9393	27,83 bis 35,95	8,12

Tabelle 8: Vergleich der Bestimmtheitsmaße der Modellfunktionen (Beispiel 2, linienförmig)

Im Beispiel 2 (Tabelle 8) besitzt die Modellfunktion (6-8) das beste (korrigierte) Bestimmtheitsmaß. Der optimale Leistungsbereich der Modellfunktionen (6-6) und (6-7) befindet sich mit dem rechten Rand unmittelbar an der maximalen Leistungsfähigkeit. Außerdem besitzen die beiden Modellfunktionen kein besseres (korrigiertes) Bestimmtheitsmaß als die Modellfunktion (6-8). Der optimale Leistungsbereich der Modellfunktion (6-8) ist weiter rechts als der optimale Leistungsbereich der bisher verwendeten Modellfunktion (6-3).

Modellierung der Wartezeitfunktion

Modellfunktion		Beispiel 3 (netzförmig)			
		Bestimmtheitsmaß	Kor. Bestimmtheitsmaß	Optimaler Leistungsbereich [Züge/h]	Spannweite [Züge/h]
$a \cdot \frac{\eta}{(1-\eta)^b}$	(6-3)	0,9823	0,9821	91,125 bis 131,49	40,365
$a_3 \cdot e^{b_3 \cdot \eta} \cdot \eta^{c_3}$	(6-6)	0,9841	0,9839	134,23 bis 134,36	0,13
$a_4 \cdot \left(e^{b_4 \cdot \eta} - 1\right)$	(6-7)	0,9839	0,9837	134,23 bis 134,36	0,13
$a_5 \cdot \frac{\eta^{c_5}}{(1-\eta)^{b_5}}$	(6-8)	0,9852	0,9849	99,36 bis 132,57	33,21

Tabelle 9: Vergleich der Bestimmtheitsmaße der Modellfunktionen (Beispiel 3, netzförmig)

Bei dem Beispiel mit netzförmiger Infrastruktur (Tabelle 9) besitzt die Modellfunktion (6-8) ebenfalls das beste (korrigierte) Bestimmtheitsmaß. Der optimale Leistungsbereich der Modellfunktion (6-8) wird im Vergleich zum optimalen Leistungsbereich der bisherigen Modellfunktion (6-3) wiederum etwas nach rechts verschoben.

Modellfunktion		Beispiel 4 (netzförmig)			
		Bestimmtheitsmaß	Kor. Bestimmtheitsmaß	Optimaler Leistungsbereich [Züge/h]	Spannweite [Züge/h]
$a \cdot \frac{\eta}{(1-\eta)^b}$	(6-3)	0,9802	0,9801	92,92 bis 123,06	30,14
$a_3 \cdot e^{b_3 \cdot \eta} \cdot \eta^{c_3}$	(6-6)	0,9784	0,9781	125,44 bis 125,57	0,13
$a_4 \cdot \left(e^{b_4 \cdot \eta} - 1\right)$	(6-7)	0,9665	0,9662	125,44 bis 125,57	0,13
$a_5 \cdot \frac{\eta^{c_5}}{(1-\eta)^{b_5}}$	(6-8)	0,9821	0,9819	81,52 bis 122,31	40,79

Tabelle 10: Vergleich der Bestimmtheitsmaße der Modellfunktionen (Beispiel 4, netzförmig)

Auch im Beispiel 4 (Tabelle 10) ist die Modellfunktion (6-8) im Sinne des (korrigierten) Bestimmtheitsmaßes besser als die bisherige Modellfunktion (6-3). Hier besitzt die Modellfunktion (6-8) ein um 0,0018 höheres (korrigiertes) Bestimmtheitsmaß als die Modellfunktion (6-3). Im Vergleich zur bisherigen Modellfunktion wird der optimale Leistungsbereich der Modellfunktion (6-8) diesmal etwas nach links verschoben.

Modellfunktion	Beispiel 5 (Eisenbahnkonten)			
	Bestimmtheitsmaß	Korrigiertes Bestimmtheitsmaß	Optimaler Leistungsbereich [Züge/h]	Spannweite [Züge/h]
$a \cdot \dfrac{\eta}{(1-\eta)^b}$	(6-3)	0,9580	0,9573	74,06 bis 104,53	30,47
$a_3 \cdot e^{b_3 \cdot \eta} \cdot \eta^{c_3}$	(6-6)	0,9568	0,9553	116,15 bis 116,27	0,12
$a_4 \cdot \left(e^{b_4 \cdot \eta} - 1\right)$	(6-7)	0,9581	0,9574	116,15 bis 116,27	0,12
$a_5 \cdot \dfrac{\eta^{c_5}}{(1-\eta)^{b_5}}$	(6-8)	0,9590	0,9583	79,3 bis 105,46	26,16

Tabelle 11: Vergleich der Bestimmtheitsmaße der Modellfunktionen (Beispiel 5, groß Eisenbahnknoten)

Im letzten Beispiel mit Darstellung eines größeren Eisenbahnknotens (Tabelle 11) zeigt sich erneut, dass die Modellfunktion (6-8) das beste (korrigierte) Bestimmtheitsmaß besitzt. Bei diesem Beispiel wird der optimale Leistungsbereich der Modellfunktion (6-8) wiederum im Vergleich zum optimalen Leistungsbereich der bisherigen Modellfunktion (6-3) geringfügig nach rechts verschoben.

Zusammengefasst wird die Modellfunktion (6-8) als neue Modellfunktion der Wartezeitfunktion für künftige Untersuchungen empfohlen, weil sie auch bei allen praxisbezogenen Anwendungsfällen eine signifikant bessere Anpassungsfähigkeit als die anderen Modellfunktionen besitzt. Außerdem spiegelt diese Modellfunktion am besten die auch trivial ableitbaren Ergebnisse des einfachen Beispiels aus Abschnitt 5.3.4 wieder. Das ist von besonderer Relevanz, da bei diesem einfachen Beispiel beliebig viele Fahrplanverdichtungen generiert und simuliert werden können, während bei einer typischen praktischen Anwendung wegen des Zeitaufwands nur eine beschränkte Anzahl der Fahrplanverdichtungen untersucht werden kann. Die hohe Anzahl der Fahrplanverdichtungen entspricht einem statistisch gesicherten Simulationsergebnis. Stimmt die Modellfunktion (6-8) mit den statistisch gesicherten Simulationsergebnissen weitergehend überein, ist eine hohe Anpassungsfähigkeit der Modellfunktion gegeben. Aus dem Vergleich der Modellfunktionen bei unterschiedlichen Untersuchungsfällen sowie weiteren Untersuchungsfällen von [Martin et al. 2013a] wird der optimale Leistungsbereich bei der Verwendung der neuen Modellfunktion tendenziell nach rechts verschoben und die Spannweite des optimalen Leistungsbereichs wird tendenziell geringer. Diese Eingrenzung deutet auf eine höhere Genauigkeit hin, was auch durch die im Rahmen dieses Projektes bearbeiteten beispielhaften Untersuchungsfälle (vgl. Anhang 8) bestätigt

Modellierung der Wartezeitfunktion

wurde. Die geringfügigen Abweichungen in zwei Fällen sind durch die Besonderheiten der betreffenden Einzelfälle grundsätzlich nachvollziehbar.

6.4 Benötigte Anzahl der Datenpunkte

Wie in Abschnitt 6.3 begründet, wird $EW_t = a_5 \cdot \frac{\eta^{c_5}}{(1-\eta)^{b_5}}$ (6-8) als neue Modellfunktion für die Wartezeitfunktion verwendet. In diesem Abschnitt wird die benötigte Anzahl der Datenpunkte untersucht, damit die angepassten Parameter der Modellfunktion (6-8) die vorgegebene Genauigkeit erreichen.

Um die benötigte Anzahl der Datenpunkte festzulegen, kann die Tschebyscheff-Ungleichung zur Bestimmung der Irrtumswahrscheinlichkeit verwendet werden:

$$P(|X - \mu| \geq k) \leq \frac{\sigma^2}{k^2}, k \in R^+ \quad (6\text{-}16)$$

wobei

- X eine Zufallsvariable,
- μ den Erwartungswert von X,
- σ^2 Varianz von X und
- k eine beliebige positive Zahl

bezeichnet.

Die Parameter a, b und c der Modellfunktion (6-8) werden als drei Zufallsvariablen betrachtet, die durch Anpassung der Datenpunkte bestimmt sind. Die Konstante k in (6-16) ist dann der tolerierbare Fehler der Parameter a, b und c. Die Wahrscheinlichkeit, dass die Abweichung zwischen den Parametern X und dem entsprechenden Erwartungswert größer ist als k, $P(|X - \mu| \geq k)$ sollte möglichst klein (z.B. unter 5%) sein. Dementsprechend ist die Varianz der Parameter σ^2 klein zu halten. Im Allgemeinen hängt die Varianz der Parameter von der Anzahl der Datenpunkte ab. Im Folgenden werden der Zusammenhang zwischen der Varianz der Parameter und der Anzahl der Datenpunkte abgeleitet, damit die benötigte Anzahl der Datenpunkte für die vorgegebene Genauigkeit festgelegt werden kann.

Zunächst wird die Modellfunktion(6-8) linearisiert. Die modifizierte Funktion lautet:

$$\begin{aligned} \log EW_t &= \log\left(a_5 \cdot \frac{\eta^{c_5}}{(1-\eta)^{b_5}}\right) \\ &= \log(a_5) + c_5 \cdot \log \eta + b_5 \cdot (-\log(1-\eta)) \end{aligned} \quad (6\text{-}17)$$

Um die Ableitung der Varianz zu verdeutlichen, werden die Parameter im nächsten Schritt durch andere Symbole ersetzt. Die Funktion lässt sich dann wie folgt darstellen:

$$y = a_5' + c_5 \cdot x_1 + b_5 \cdot x_2 \qquad (6\text{-}18)$$

wobei

- $\log EW_t = y$,
- $\log a = a_5'$,
- $\log \eta = x_1$,
- $-\log(1 - \eta) = x_2$

gilt.

Mit der Methode der kleinsten Quadrate (siehe Abschnitt 6.3.4) können die Parameter a', b und c durch Lösung eines linearen Gleichungssystems ermittelt werden:

$$A^T A \begin{pmatrix} a_5' \\ c_5 \\ b_5 \end{pmatrix} = A^T Y \qquad (6\text{-}19)$$

wobei (x_{1i}, x_{2i}, y_i) den Datenpunkten entsprechen und die Matrix $A = \begin{pmatrix} 1 & x_{11} & x_{21} \\ \vdots & \vdots & \vdots \\ 1 & x_{1n} & x_{2n} \end{pmatrix}$. Für den Vektor gilt $Y = \begin{pmatrix} y_1 \\ \vdots \\ y_n \end{pmatrix}$. Wird $A^T A$ und $A^T Y$ explizit ausgerechnet, dann sieht die Gleichung wie folgt aus:

$$\begin{pmatrix} n & \sum x_{1i} & \sum x_{2i} \\ \sum x_{1i} & \sum (x_{1i})^2 & \sum (x_{1i} x_{2i}) \\ \sum x_{2i} & \sum (x_{1i} x_{2i}) & \sum (x_{2i})^2 \end{pmatrix} \begin{pmatrix} a_5' \\ c_5 \\ b_5 \end{pmatrix} = \begin{pmatrix} \sum y_i \\ \sum x_{1i} y_i \\ \sum x_{2i} y_i \end{pmatrix} \qquad (6\text{-}20)$$

Um die Gleichung (6-20) anschaulich darzustellen, wird jede einzelne Zelle der Matrix und des Vektors von der linken Seite durch ein Symbol ersetzt:

$$\begin{pmatrix} n & d & e \\ d & f & g \\ e & g & h \end{pmatrix} \begin{pmatrix} a_5' \\ c_5 \\ b_5 \end{pmatrix} = \begin{pmatrix} k \\ l \\ m \end{pmatrix} \qquad (6\text{-}21)$$

wobei

- $d = \sum x_{1i}$,
- $e = \sum x_{2i}$,
- $f = \sum (x_{1i})^2$,
- $g = \sum (x_{1i} x_{2i})$,
- $h = \sum (x_{2i})^2$,

- $k = \sum y_i$,
- $l = \sum x_{1i} y_i$ und
- $m = \sum x_{2i} y_i$.

Die Lösungen der Gleichung lassen sich wie folgt beschreiben:

$$a_5' = \frac{-dgm + dhl + efm - egl - fhk + g^2 k}{-2deg + d^2 h + e^2 f - fhn + g^2 n}$$

$$b_5 = \frac{del + dkg - d^2 m - efk + fmn - gnl}{2deg - d^2 h - e^2 f + fhn - g^2 n}$$

$$c_5 = \frac{dem - dhk + egl - e^2 l - gmn + hln}{2deg - d^2 h - e^2 f + fhn - g^2 n}$$

Nun werden die Varianzen für die Parameter a_5', b_5 und c_5 ausgerechnet.

$$V(a_5') = \frac{(g^2 - fh)^2 + (dh - eg)^2 f + (ef - dg)^2 h}{(-2deg + d^2 h + e^2 f - fhn + g^2 n)^2} \sigma_y^2$$

$$V(b_5) = \frac{(dg - ef)^2 + (de - gn)^2 f + (fn - d^2)^2 h}{(2deg - d^2 h - e^2 f + fhn - g^2 n)^2} \sigma_y^2 \qquad (6\text{-}22)$$

$$V(c_5) = \frac{(eg - dh)^2 + (de - gn)^2 h + (hn - e^2)^2 f}{(2deg - d^2 h - e^2 f + fhn - g^2 n)^2} \sigma_y^2$$

wobei σ_y^2 die durchschnittliche Varianz von $\log EW_t$ bei verschiedenen Auslastungsgraden bezeichnet. In der praktischen Anwendung kann die durchschnittliche Varianz von $\log EW_t$ näherungsweise aus den Abweichungen zwischen den Datenpunkten und der Modellfunktion mit angepassten Parametern (d.h. der entsprechenden Wartezeitfunktion) ermittelt werden:

$$\sigma_y^2 = \frac{1}{n-1} \cdot \sum_{i=1}^{n} (\log y_i - \log f_{WZ}(x_i))^2 \qquad (6\text{-}23)$$

wobei

- (x_i, y_i) die Datenpunkte
- n die Anzahl der Datenpunkte und
- f_{WZ} die Wartezeitfunktion

bezeichnet.

Um den Zusammenhang zwischen der Varianz der Parameter und der Anzahl der Datenpunkte herauszufinden, sind die Parameter d, e, f, g und h mit der Anzahl der Datenpunkte n darzustellen:

$$d = \sum_{i=1}^{n} x_{1i} = \sum \log\left(\frac{i}{n}\right) \approx n \cdot \int_0^1 \log x \, dx = -n$$

$$e = \sum_{i=1}^{n} x_{2i} = \sum -\log\left(1 - \frac{i}{n}\right) \approx n \cdot \int_0^1 -\log(1-x) \, dx = n$$

$$f = \sum (x_{1i})^2 = \sum_{i=1}^{n} \log^2\left(\frac{i}{n}\right) \approx n \cdot \int_0^1 \log^2(x) \, dx = 2n$$

$$h = \sum (x_{2i})^2 = \sum_{i=1}^{n} \log^2\left(1 - \frac{i}{n}\right) \approx n \cdot \int_0^1 \log^2(1-x) \, dx = 2n$$

$$g = \sum (x_{1i} x_{2i}) = \sum_{i=1}^{n} \left(-\log\left(1 - \frac{i}{n}\right)\right) \cdot \left(\log\left(\frac{i}{n}\right)\right)$$

$$\approx n \cdot \int_0^1 \log(x) \cdot (-\log(1-x)) \, dx \approx -0{,}355n$$

Setzt man diese vereinfachten Ergebnisse in (6-22) ein, dann kann der Zusammenhang zwischen der Varianz der Parameter a'_5, b_5 und c_5 sowie der Anzahl der Datenpunkte n näherungsweise wie folgt dargestellt werden:

$$V(a'_5) = \sigma^2_{a'_5} \approx \frac{10{,}8n^5 + 15n^4}{0{,}341 n^6} \sigma_y^2$$

$$V(b_5) = \sigma^2_{b_5} = V(c_5) = \sigma^2_{c_5} \approx \frac{2{,}832 n^5 + 2{,}7 n^4}{0{,}341 n^6} \sigma_y^2$$

(6-24)

Ist n größer als 10, dann gilt

$$\sigma^2_{a'_5} \approx \frac{31{,}7}{n} \cdot \sigma_y^2$$

$$\sigma^2_{b_5} = \sigma^2_{c_5} \approx \frac{8{,}3}{n} \cdot \sigma_y^2$$

(6-25)

Setzt man (6-25) in die Tschebyscheff-Ungleichung (6-16) ein, lässt sich die benötigte Anzahl der Datenpunkte mit dem vorgegebenen tolerierbaren Fehler k aus den Parametern $a'_5 (= \log a_5)$, b_5 und c_5 und der Irrtumswahrscheinlichkeit α wie folgt berechnen:

$$P\left(\left|X_{a'_5} - \mu_{a'_5}\right| \geq k\right) \leq \frac{\frac{31{,}7}{n} \cdot \sigma_y^2}{k^2} \leq \alpha \rightarrow n_{a'_5} \geq \frac{31{,}7 \cdot \sigma_y^2}{k^2 \cdot \alpha}$$

(6-26)

Modellierung der Wartezeitfunktion

$$P(|X_{b_5,c_5} - \mu_{b_5,c_5}| \geq k) \leq \frac{\frac{8,3}{n} \cdot \sigma_y^2}{k^2} \leq \alpha \rightarrow n_{b_5,c_5} \geq \frac{8,3 \cdot \sigma_y^2}{k^2 \cdot \alpha}$$

Zusammengefasst ist für die Anzahl der Datenpunkte folgende Ungleichung gültig:

$$n \geq \frac{31,7 \cdot \sigma_y^2}{k^2 \cdot \alpha} \qquad (6\text{-}27)$$

Falls beispielsweise in einer Untersuchung der tolerierbaren Fehler k = 0,1, die Irrtumswahrscheinlichkeit α = 0,05 angenommen wird und σ_y^2 = 0,001 gilt, dann ist

$$n \geq \frac{31,7 \cdot \sigma_y^2}{k^2 \cdot \alpha} = \frac{31,7 \cdot 0,001}{0,1^2 \cdot 0,05} = 63,4$$

Aus der praktischen Erfahrung ist die Anzahl der Datenpunkte größer als 80 zu wählen, damit die Varianz der Parameter kleiner als 0,001 bleibt. Somit kann die Robustheit des daraus ermittelten optimalen Leistungsbereichs gegenüber Ausreißern gewährleistet werden.

6.5 Schlussfolgerung und Empfehlungen

Ein größeres Bestimmtheitsmaß bedeutet, dass die Modellfunktion die Datenpunkte besser repräsentieren kann. Der sich daraus ergebende optimale Leistungsbereich besitzt in der Folge mehr Aussagekraft. Die neu gefundene Modellfunktion mit drei Parametern (6-8) besitzt im Vergleich zu anderen Modellfunktionen, inklusive der bisher verwendeten Modellfunktion (6-3), ein größeres Bestimmtheitsmaß bezogen auf die Daten des einfachen Modells aus Abschnitt 5.3.4 und auch bezüglich weiterer Daten (vgl. Abschnitt 6.3.5). Somit wird empfohlen, dass die neue Modellfunktion (6-8) künftig für die Modellierung der Wartezeitfunktion und damit als Grundlage für die Bestimmung des optimalen Leistungsbereichs verwendet wird.

Unter Berücksichtigung der Genauigkeit der zu bestimmenden Parameter kann die benötigte Anzahl der Datenpunkte (Fahrplanverdichtungen) mit der im Abschnitt 6.4 beschriebenen Methode abgeleitet werden. Somit kann der Aufwand für die Ermittlung der Datenpunkte (Simulation der Fahrplanverdichtung) auf eine Mindestanzahl reduziert werden. Als Wert für typische praxisrelevante Untersuchungen werden ca. 80 Datenpunkte empfohlen.

7 Zusammenfassung

Nachfolgend werden die wesentlichen Forschungsergebnisse der vier Arbeitspakete des Forschungsvorhabens „Direkte experimentelle Bestimmung der maximalen Leistungsfähigkeit bei Leistungsuntersuchungen im spurgeführten Verkehr" (MA 2326/6-1) zusammengefasst.

Mit dem neuen Algorithmus zur Generierung eines für Leistungsuntersuchungen geeigneten zufälligen Fahrplans kann der reale Betrieb nun hinreichend genau in systematischer Form abgebildet werden. Gleichzeitig wird das zu untersuchende Betriebsprogramm in seiner Struktur beibehalten. Somit können die Simulationsergebnisse als zuverlässige Grundlage für alle darauf aufbauenden Untersuchungen verwendet werden.

Die maximale Leistungsfähigkeit ist ein entscheidender Eingangsparameter für die Bestimmung der Wartezeitfunktion, aus der der optimale Leistungsbereich letztendlich ermittelt wird. Die Genauigkeit der simulativen Methode zur Bestimmung der maximalen Leistungsfähigkeit ist somit ein entscheidender Einflussfaktor für die Aussagekraft des optimalen Leistungsbereichs. Mit der in diesem Projekt entworfenen Methode wird eine hinreichende Genauigkeit der ermittelten maximalen Leistungsfähigkeit gewährleistet. Darüber hinaus ist die Methode noch modifizierbar, so dass die Genauigkeit je nach Aufgabenstellung angepasst werden kann.

Bei der Bestimmung der Wartezeitfunktion sowie des optimalen Leistungsbereichs spielt die Modellfunktion eine große Rolle. Eine Modellfunktion mit großem Bestimmtheitsmaß kann den Zusammenhang der Datenpunkte besser repräsentieren. Die neu konstruierte Modellfunktion besitzt im Vergleich zu der vorhandenen Modellfunktion ein signifikant größeres Bestimmtheitsmaß. Durch die Anwendung der neuen Modellfunktion erfolgt eine realitätsnahe Auswertung der Simulationsergebnisse. Die angepassten Parameter der Modellfunktion, die mit dem Trust-Region-Algorithmus und einem robusten Regressionsverfahren ermittelt werden, sind robust gegen Ausreißer. Demzufolge erhält der daraus ermittelte optimale Leistungsbereich eine höhere Aussagekraft.

Um eine uneingeschränkt praktische Anwendung der beschriebenen geschlossenen Lösung zu erreichen, erscheint es sinnvoll, über das hier bearbeitete Forschungsprojekt hinaus einen Untersuchungsansatz zu verfolgen, bei dem aus einer Vielzahl von Anwendungsfällen mit der neu entwickelten Methode eine Systematik zur direkten Aussonderung der Ausreißer abgeleitet wird.

Zusammenfassung

Zusammengefasst werden für künftige Leistungsuntersuchungen zur Ermittlung des optimalen Leistungsbereichs folgende Maßnahmen empfohlen:

- Für Fahrplanverdichtungen ist die Verdichtungsstrategie „Dynamisierung von Zeitscheiben" (vgl. Abschnitt 3.4.3) einzusetzen.
- Zur Ermittlung der maximalen Leistungsfähigkeit ist die Methode zur Bestimmung der Abweichungspunkte zwischen Eingangs- und Ausgangsbelastung (vgl. Abschnitt 5.3) geeignet.
- Zur Bestimmung des optimalen Leistungsbereichs ist die neue konstruierte Modellfunktion $EW_t = a_5 \cdot \frac{\eta^{c_5}}{(1-\eta)^{b_5}}$ zu nutzen (vgl. Abschnitt 6.3.3).
- Allgemein sollen die Fahrplanverdichtungen gleichmäßig mit verschiedenen Verdichtungsstufen (bis 1,25 * maximale Leistungsfähigkeit) und ca. insgesamt 80 Datenpunkte als Mindestwert (unter der maximale Leistungsfähigkeit) generiert werden (vgl. Abschnitt 5.3.5).

Bei Berücksichtigung dieser Empfehlungen werden die Genauigkeit und die Aussagekraft der simulativen Methode zur Leistungsuntersuchung deutlich erhöht. Infolgedessen kann der aus der neu entwickelten Methode ermittelte optimale Leistungsbereich nicht nur zu Vergleichszwecken (wie in [DB Netz AG 2008] beschrieben), sondern nun auch als Richtwert für die praktische Anwendung verwendet werden.

Das Arbeitsprogramm wurde vollständig innerhalb des vorgesehenen Zeitplans bearbeitet. Auch wenn der uneingeschränkte Praxiseinsatz der entwickelten geschlossenen Lösung der Wartezeitfunktion aufgrund des Entwicklungsstands der vorhandenen synchronen Simulationswerkzeuge noch nicht möglich ist, ergeben sich aus den erreichten Forschungsergebnissen wichtige Impulse für eine Weiterentwicklung. Unabhängig davon führten die weiteren Ergebnisse des Forschungsvorhabens zu einem signifikanten Erkenntnisgewinn der eisenbahnbetriebswissenschaftlichen Grundlagenforschung und entfalten eine unmittelbare Praxiswirksamkeit.

8 Anhang I: Simulationsbeispiele

8.1 Überblick

In diesem Kapitel werden fünf Beispiele mit unterschiedlicher Infrastruktur und verschiedenen Betriebsprogrammen zum Erproben der neu entwickelten Methoden sowie der neu entwickelten Modellfunktion für die Wartezeitfunktion (6-8) verwendet. Das Beispiel 1 entspricht einem kleinen Eisenbahnknoten mit inhomogenem Betriebsprogramm. Beim Beispiel 2 handelt es sich um eine lange zweigleisige Eisenbahnstrecke. Diese Infrastruktur wird ebenfalls durch ein inhomogenes Betriebsprogramm überlagert. Das dritte sowie das vierte Beispiel bestehen aus zwei Teilnetzen eines Stadtbahnnetzes mit einer netzförmigen Infrastruktur. Dabei kommt jeweils ein homogenes Betriebsprogramm mit kurzen Taktzeiten zur Anwendung. Das letzte Beispiel beschreibt einen großen Eisenbahnknoten mit 69 Z/h im Eingangsfahrplan, der wiederum ein inhomogenes Betriebsprogramm besitzt. Eine Übersicht über alle untersuchten Beispiele gibt Tabelle 12.

	Modellfunktion		Maximale Leistungsfähigkeit [Züge/h]	Optimaler Leistungsbereich [Züge/h]	Spannweite [Züge/h]
Beispiel 1	$a \cdot \dfrac{\eta}{(1-\eta)^b}$	(6-3)	19,92	14,42 bis 19,18	4,76
	$a_5 \cdot \dfrac{\eta^{c_5}}{(1-\eta)^{b_5}}$	(6-8)		14,8 bis 19,28	4,48
Beispiel 2	$a \cdot \dfrac{\eta}{(1-\eta)^b}$	(6-3)	37,45	24,75 bis 35,28	10,53
	$a_5 \cdot \dfrac{\eta^{c_5}}{(1-\eta)^{b_5}}$	(6-8)		27,83 bis 35,95	8,12
Beispiel 3	$a \cdot \dfrac{\eta}{(1-\eta)^b}$	(6-3)	135	91,125 bis 131,49	40,365
	$a_5 \cdot \dfrac{\eta^{c_5}}{(1-\eta)^{b_5}}$	(6-8)		99,36 bis 132,57	33,21
Beispiel 4	$a \cdot \dfrac{\eta}{(1-\eta)^b}$	(6-3)	125,57	92,92 bis 123,06	30,14
	$a_5 \cdot \dfrac{\eta^{c_5}}{(1-\eta)^{b_5}}$	(6-8)		81,52 bis 122,31	40,79
Beispiel 5	$a \cdot \dfrac{\eta}{(1-\eta)^b}$	(6-3)	116,27	74,06 bis 104,53	30,47
	$a_5 \cdot \dfrac{\eta^{c_5}}{(1-\eta)^{b_5}}$	(6-8)		79,3 bis 105,46	26,16

Tabelle 12: Überblick der Ergebnisse alle fünf Beispiele

8.2 Beispiel 1

8.2.1 Infrastruktur und Betriebsprogramm

Beispiel 1 stellt einen Eisenbahnknoten dar. Er besteht aus einer zweigleisigen Strecke, einer eingleisigen Strecke sowie einem Knotenbahnhof, der über fünf Gleise verfügt und von insgesamt 9 Zügen pro Stunde befahren wird. Sieben Züge pro Stunde halten planmäßig in dem Knotenbahnhof. Das Betriebsprogramm setzt sich aus drei Zugkategorien zusammen: Nah- und Fernreisezüge sowie Nahgüterzüge. Die Infrastruktur sowie das Betriebsprogramm sind in Abbildung 27 bis Abbildung 29 dargestellt.

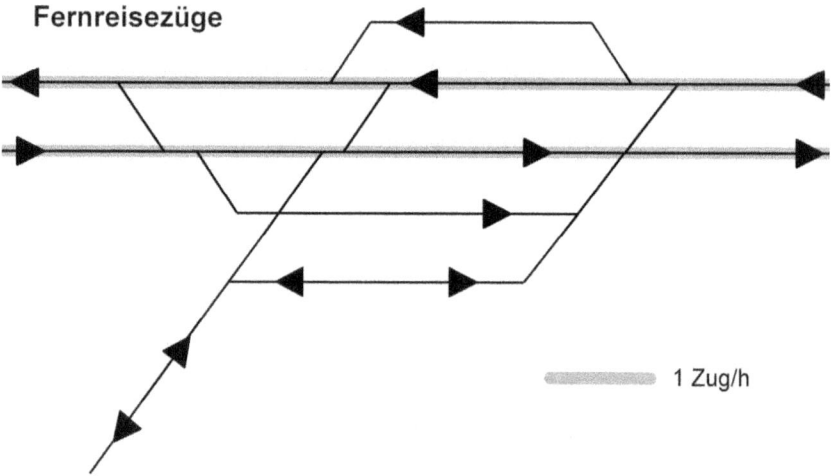

Abbildung 27: Beispiel 1 - Infrastruktur und Betriebsprogramm, Fernreisezüge

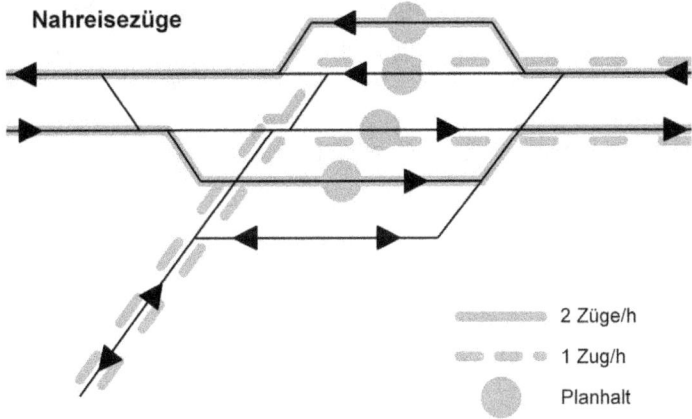

Abbildung 28: Beispiel 1 - Infrastruktur und Betriebsprogramm, Nahreisezüge

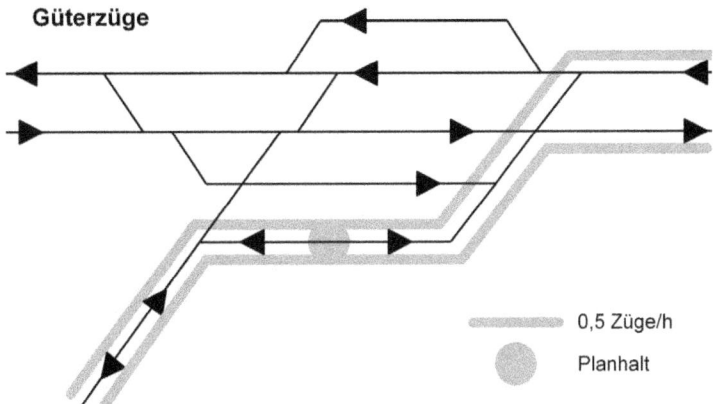

Abbildung 29: Beispiel 1 - Infrastruktur und Betriebsprogramm, Güterzüge

8.2.2 Die maximale Leistungsfähigkeit

Der in Kapitel 3 entwickelte Fahrplanverdichtungsalgorithmus wird eingesetzt. Da das Beispiel im Vergleich zu anderen Fallbeispielen relativ klein ist, werden insgesamt 9846 Fahrplanverdichtungen von 5% bis 300% mit der Schrittweite 5% für die Untersuchung generiert. Bei 98% der Fahrplanverdichtungen trat ein Deadlock während der Simulation auf. Die Ergebnisse der Simulationen werden nun in ein Schaubild übertragen (Abbildung 30). Datenpunkte mit derselben Eingangsbelastung wurden zusammengefasst und ihr Mittelwert in das

Schaubild eingetragen (rote Punkte). Die maximale Leistungsfähigkeit lässt sich aus dem Diagramm intuitiv nicht eindeutig bestimmen, deshalb werden zwei Geraden in Abbildung 29 gelegt. Die erste Gerade ist die theoretische Gerade (Eingangsbelastung = Ausgangsbelastung). Die zweite Gerade wird als eine Ausgleichsgerade aus den zusammengefassten, roten Datenpunkten gebildet. Sie wird so bestimmt, dass die Summe des Abstands aller Datenpunkte oberhalb des Schnittpunkts zu der zweiten Gerade und des Abstands aller Datenpunkte unterhalb des Schnittpunkts zu der theoretischen Gerade minimiert wird. In diesem Beispiel beträgt die maximale Leistungsfähigkeit nach dieser Methode 19,9 [Z/h]. Dieses Ergebnis erscheint in der Graphik auch intuitiv plausibel.

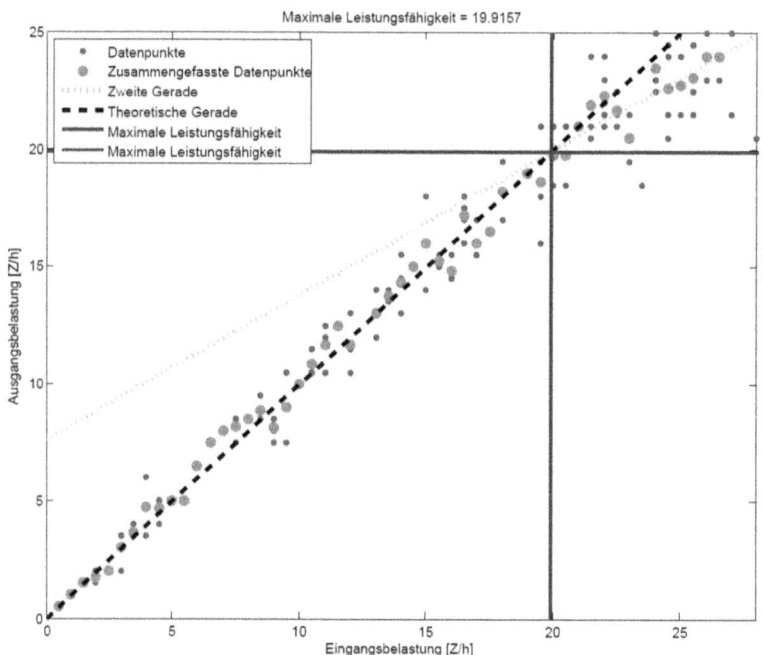

Abbildung 30: Maximale Leistungsfähigkeit – Beispiel 1

8.2.3 Wartezeitfunktion

Des Weiteren werden die Simulationsergebnisse (die (Eingangs-) Belastungen und Wartezeiten) jedes Simulationslaufs als Datenpunkte zur Bestimmung der Wartezeitfunktion zusammengestellt (siehe Abbildung 31). Die Modellfunktionen (6-6) und (6-7) mit exponentiellem Term besitzen immer ein schlechteres Bestimmtheitsmaß als die Modellfunktionen

(6-3) und (6-8). Außerdem erscheinen die daraus gelieferten optimalen Leistungsbereiche nicht plausibel. Deswegen werden die beiden Modellfunktionen in den Fallbeispielen nicht berücksichtigt.

Die beiden Wartezeitfunktionen (6-3) und (6-8) liegen in diesem Beispiel sehr nah beieinander. Jedoch ist zu beobachten, dass die Wartezeitfunktion aus (6-8) bei den niedrigen Belastungen unter der Wartezeitfunktion aus (6-3) liegt. Dieses Verhältnis passt besser zu den Datenpunkten mit null Wartezeit und niedriger Belastung. Demzufolge besitzt die Wartezeitfunktion aus (6-8) ein besseres korrigiertes Bestimmtheitsmaß als die Wartezeitfunktion aus (6-3). Der optimale Leistungsbereich aus (6-8) liegt etwas weiter rechts als der optimale Leistungsbereich aus (6-3).

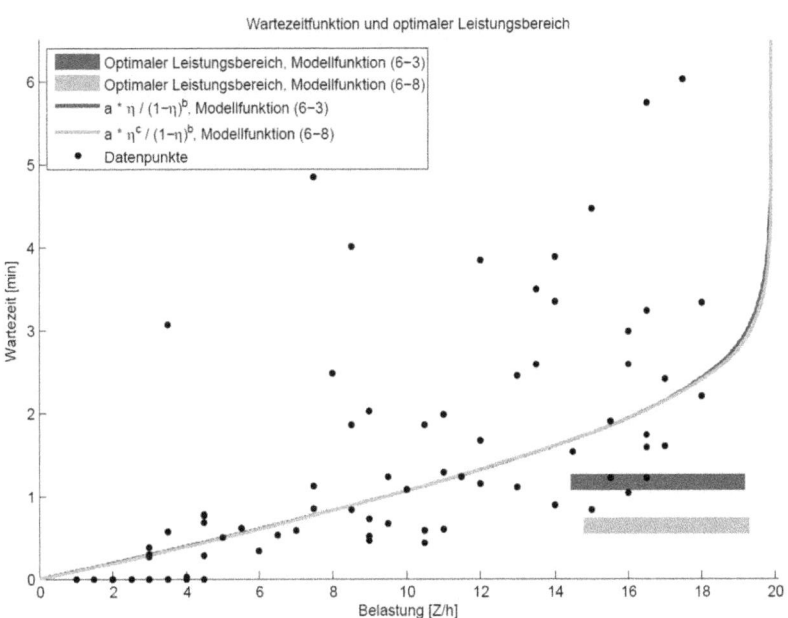

Abbildung 31: Wartezeitfunktion und optimaler Leistungsbereich – Beispiel 1

8.3 Beispiel 2

8.3.1 Infrastruktur und Betriebsprogramm

Beispiel 2 stellt eine reale zweigleisige Eisenbahnstrecke mit insgesamt 23 Betriebsstellen dar. Der zu untersuchende Fahrplanzeitraum ist die späte Hauptverkehrszeit und umfasst 15 Zuglaufgruppen mit 21,5 Zügen pro Stunde. Vor Erstellung der Fahrplanverdichtungen, werden sämtliche Wartezeiten (Bauzuschläge, Regelzuschläge und Haltezuschläge) aus dem Modellzug der Zuglaufgruppen entfernt (siehe Abschnitt 4.2.2). In den Fahrplanverdichtungen werden die modifizierten Modellzüge als Vorlage für jede Zuglaufgruppe kopiert. Sieben der insgesamt 23 Betriebsstellen sind von größerer Bedeutung. Anhand der sieben Betriebsstellen wird das Betriebsprogramm schematisch in Abbildung 32 dargestellt.

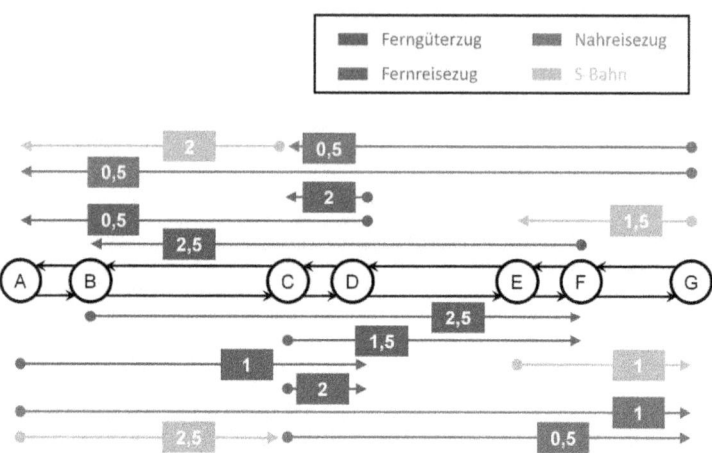

Abbildung 32: Betriebsprogramm - Beispiel 2

8.3.2 Die maximale Leistungsfähigkeit

Es wird erneut der in Kapitel 3 entwickelte Fahrplanverdichtungsalgorithmus eingesetzt. Das Betriebsprogramm wird von 5% bis 250% mit einer Schrittweite von 5% verdichtet. Für jede Verdichtungsstufe werden zwei zufällige Fahrpläne generiert. Somit werden insgesamt 100 Fahrplanverdichtungen für die Untersuchung erstellt. Es werden wieder sämtliche (zusammengefasste) Datenpunkte in ein Schaubild eingetragen (Abbildung 33). Die maximale Leistungsfähigkeit ergibt sich aus dem Schnittpunkt der theoretischen und der zweiten (Ausgleichs-) Geraden. Sie beträgt 37,45 [Z/h] (siehe Abbildung 33).

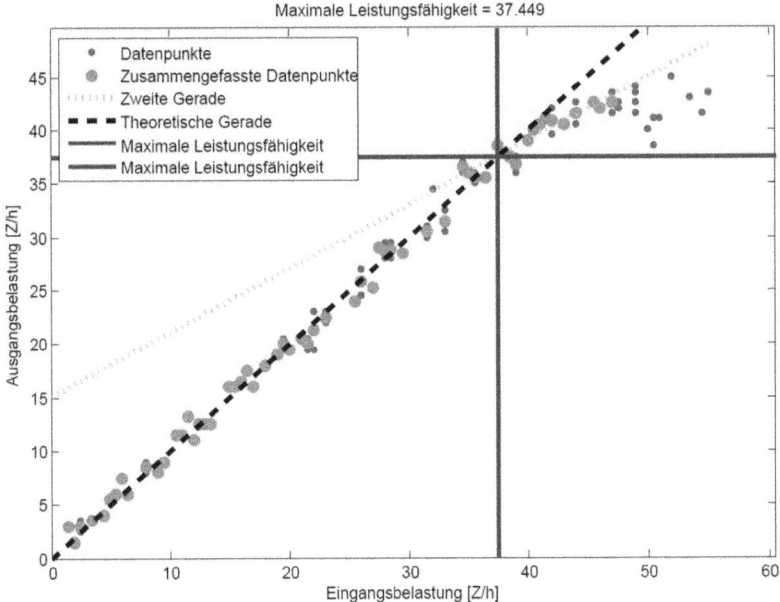

Abbildung 33: Maximale Leistungsfähigkeit – Beispiel 2

8.3.3 Wartezeitfunktion

Erneut werden die Simulationsergebnisse als Datenpunkte zur Abstimmung der Wartezeitfunktion eingesetzt. Die Wartezeitfunktionen (6-3) und (6-8) werden in Abbildung 34 dargestellt. In diesem Beispiel unterscheiden sich die beiden Wartezeitfunktionen viel deutlicher als in Beispiel 1. Sowohl bei den niedrigen als auch bei den hohen Belastungen geht die grüne Kurve der neu entwickelten Modellfunktion (6-8) durch die Mitte der Punkte. Im Vergleich dazu liegt die blaue Kurve der bisher verwendeten Modellfunktion (6-3) bei den niedrigen Belastungen höher als der durchschnittliche Wert der Datenpunkte, bei den hohen Belastungen aber niedriger als der Mittelwert der Datenpunkte. Diese Differenz führt dazu, dass das korrigierte Bestimmtheitsmaß von (6-8) (= 0,9393) um 0,15 höher als das korrigierte Bestimmtheitsmaß von (6-3) liegt. Der aus der Wartezeitfunktion (6-8) ermittelte optimale Leistungsbereich liegt geringfügig weiter rechts als der optimale Leistungsbereich von (6-3).

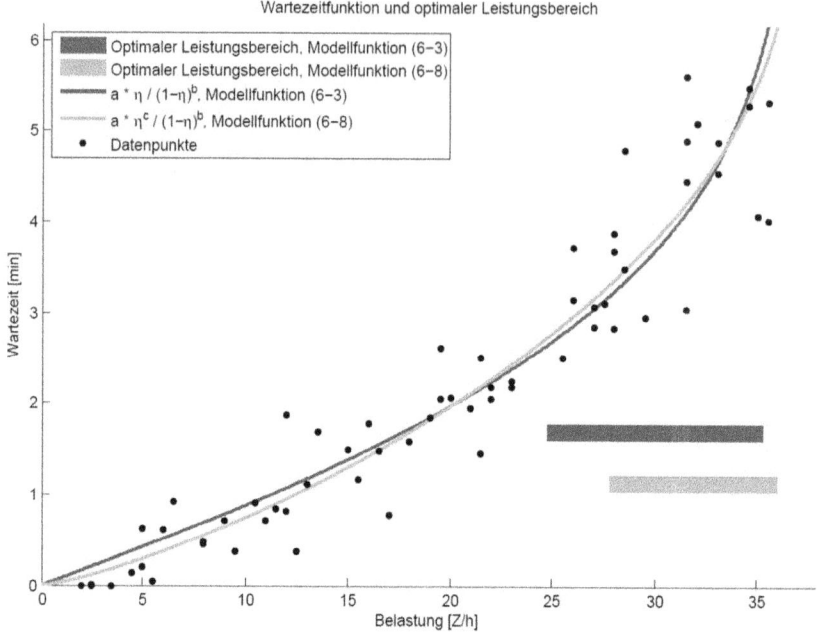

Abbildung 34: Wartezeitfunktion und optimaler Leistungsbereich – Beispiel 2

8.4 Beispiel 3

8.4.1 Infrastruktur und Betriebsprogramm

Beispiel 3 repräsentiert ein Teilnetz eines realen Stadtbahnnetzes. 24 Haltestellen und fünf Linien (jeweils in beiden Richtungen) werden in der Untersuchung berücksichtigt. Vier der Linien werden von Stadtbahnfahrzeugen befahren, auf den restlichen Linien sind Straßenbahnfahrzeuge im Betrieb. Das Betriebsprogramm aus dieser Untersuchung ist relativ homogen im Vergleich zu anderen Beispielen. Jede Linie fährt genau im Takt. Die Taktzeit beträgt, für alle Linien identisch, 10 Minuten. Somit weist der Eingangsfahrplan 60 Züge pro Stunde auf. In Abbildung 35 wird der Linienplan schematisch dargestellt.

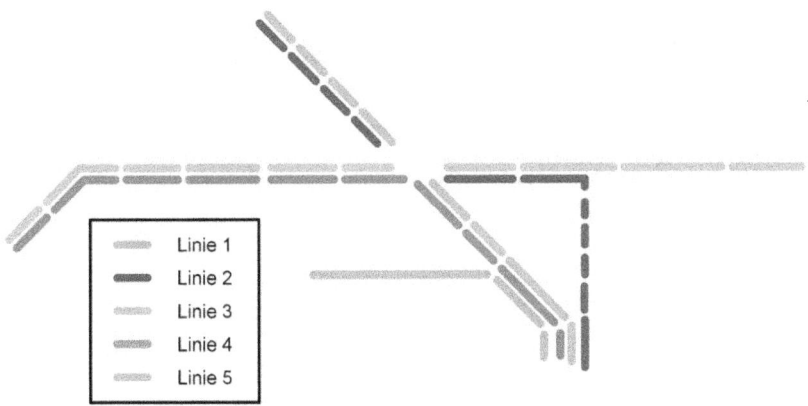

Abbildung 35: Linienplan - Beispiel 3

8.4.2 Die maximale Leistungsfähigkeit

Wie in den Beispielen zuvor wird der Fahrplanverdichtungsalgorithmus aus Kapitel 3 eingesetzt. Das Betriebsprogramm wird von 5% bis 275% mit einer Schrittweite von 5% verdichtet. Für jede Verdichtungsstufe werden drei zufällige Fahrpläne generiert. Somit werden insgesamt 165 Fahrplanverdichtungen für die Untersuchung erstellt. Das in Abbildung 36 dargestellte Diagramm wird wie in den Beispielen zuvor ermittelt. Durch den größeren Maßstab bei Eingangs – und Ausgangsbelastungen und ein vergleichsweise homogenes Betriebsprogramm erscheinen die Datenpunkte weniger stark gestreut. Intuitiv liegt der Knickpunkt, d.h. die maximale Leistungsfähigkeit, im Bereich 120-140 Z/h. Durch den Schnittpunkt ergibt sich eine maximale Leistungsfähigkeit von 134,4 [Z/h] (siehe Abbildung 36).

Anhang I: Simulationsbeispiele

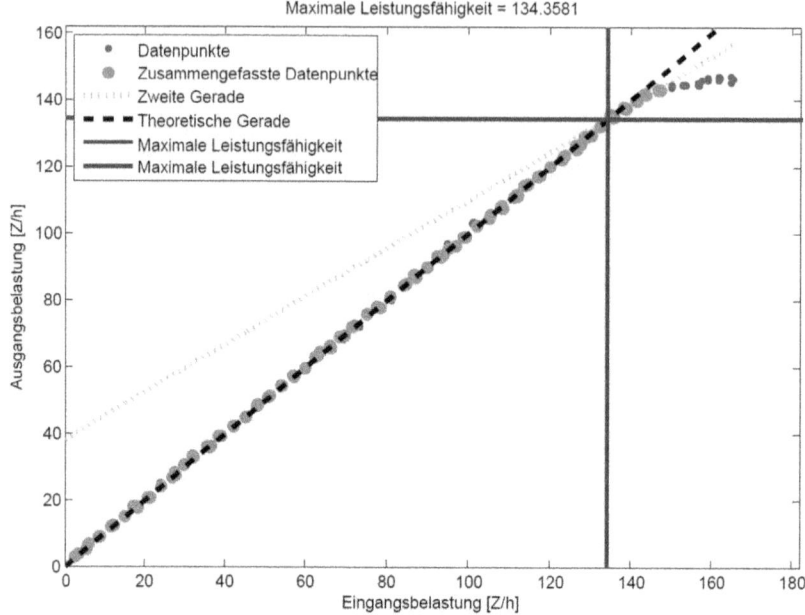

Abbildung 36: Maximale Leistungsfähigkeit – Beispiel 3

8.4.3 Wartezeitfunktion

In Abbildung 37 werden die Simulationsergebnisse als Datenpunkte sowie die beiden Modellfunktionen (6-3) und (6-8) dargestellt. Die systematischen Abweichungen zwischen den Datenpunkten und der bisher verwendeten Modellfunktion (6-3) finden sich bei den niedrigen und hohen Belastungen. Dieses Verhältnis wird ebenfalls in Kapitel 6 Abbildung 20 veranschaulicht. Die neu entwickelte Modellfunktion (6-8) passt an dieser Stelle viel besser als die bisher verwendete Modellfunktion (6-3), die in der Mitte der Datenpunkte liegt. Neben der intuitiven Erkennung aus der Graphik, bestätigen die Bestimmtheitsmaße der beiden Wartezeitfunktionen die Aussage, dass die neu entwickelte Modellfunktion (6-8) mit dem korrigierten Bestimmtheitsmaß 0.9849 besser zu den Datenpunkten passt, als die bisher verwendete Modellfunktion (6-3) mit dem korrigierten Bestimmtheitsmaß 0.9821. In diesem Beispiel wird der optimale Leistungsbereich aus (6-8) im Vergleich zum optimalen Leistungsbereich aus (6-3) genau wie in den letzten zwei Beispielen nach rechts verschoben.

Anhang I: Simulationsbeispiele

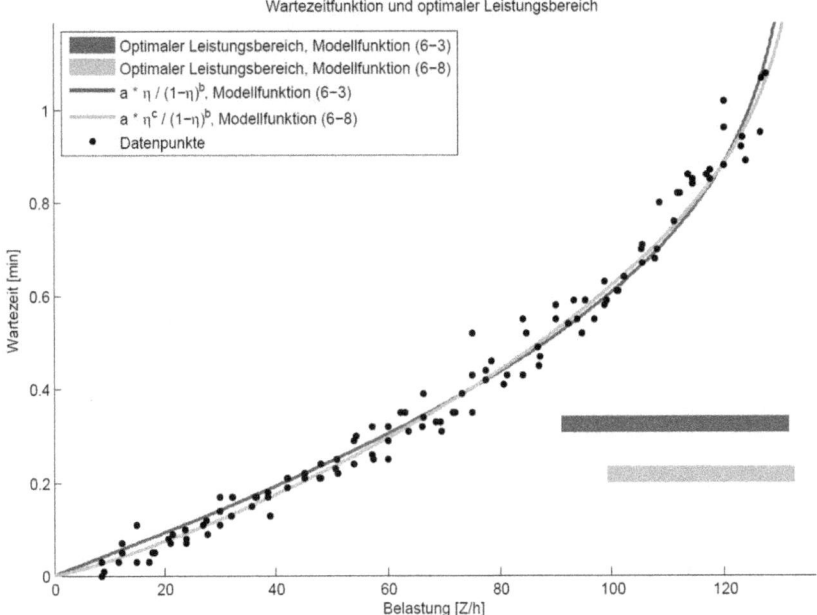

Abbildung 37: Wartezeitfunktion und optimaler Leistungsbereich – Beispiel 3

8.5 Beispiel 4

8.5.1 Infrastruktur und Betriebsprogramm

Im Beispiel 4 wird wieder ein anderes Teilnetz desselben realen Stadtbahnnetzes untersucht. Die Infrastruktur beinhaltet hauptsächlich einen geschlossenen Kreis mit insgesamt 13 Haltestellen. Drei der Haltestellen sind große Fahrgastwechsel-Haltestellen. Auf diesem Teilnetz werden fünf Linien (in beiden Richtungen) betrieben. Alle Linien werden mit 10-Minuten-Takt geplant. Das führt wie im Beispiel 3 zu einem relativ homogenen Betriebsprogramm. Die Belastung im originalen Fahrplan beträgt dann 60 Züge pro Stunde. In Abbildung 38 wird der Linienplan schematisch dargestellt.

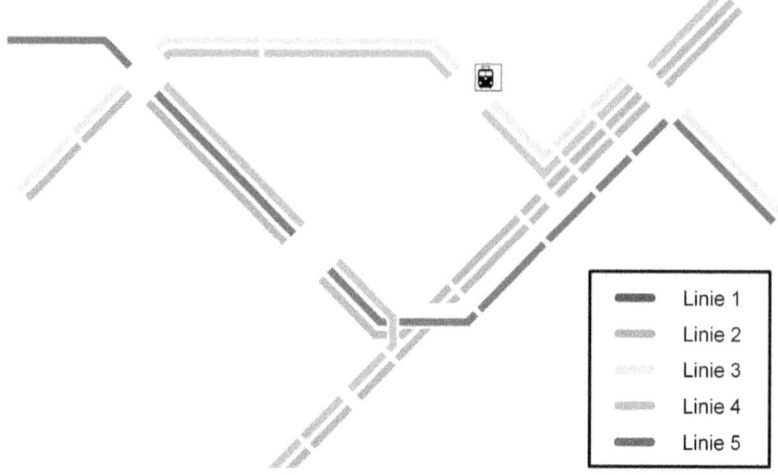

Abbildung 38: Linienplan - Beispiel 4

8.5.2 Die maximale Leistungsfähigkeit

Zur Ermittlung der maximalen Leistungsfähigkeit werden insgesamt 145 zufällige Fahrplanverdichtungen generiert. Von 5% bis 150%, von 155% bis 245%, von 197% bis 217 sowie von 222% bis 252% werden mit der Schrittweite 5% für jede Verdichtungsstufe jeweils drei, zwei, sowie eine Fahrplanverdichtung erstellt. Die ermittelten Datenpunkte ergeben die Abbildung 39. Auch hier ist einerseits der Maßstab für Eingangs- und Ausgangsbelastungen vergleichsweise groß, andererseits ist das zu untersuchende Betriebsprogramm relativ homogen, weshalb die Datenpunkte erneut sehr dicht an der „theoretischen Gerade" zu liegen scheinen. Die maximale Leistungsfähigkeit beträgt 125,57 [Z/h] (siehe Abbildung 39).

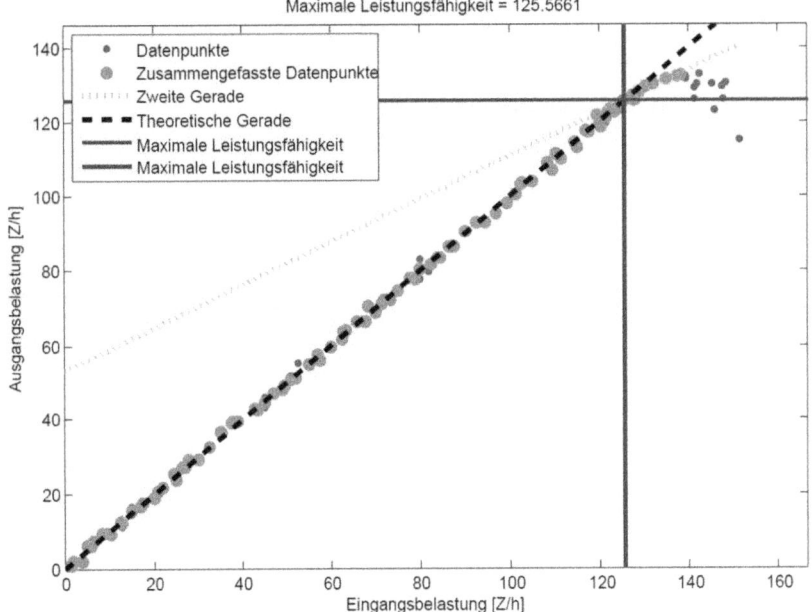

Abbildung 39: Maximale Leistungsfähigkeit – Beispiel 4

8.5.3 Wartezeitfunktion

Wie in den Beispielen zuvor werden in Abbildung 39 die Simulationsergebnisse als Datenpunkte sowie die beiden Modellfunktionen (6-3) und (6-8) dargestellt. Erneut finden sich die systematischen Abweichungen zwischen den Datenpunkten und der bisher verwendeten Modellfunktion (6-3) bei den niedrigen und hohen Belastungen. Allerdings verhalten sich in diesem Beispiel die Abweichungen, im Vergleich zu Beispiel 3, genau umgekehrt. Bei den niedrigen Belastungen liegt die bisher verwendete Modellfunktion (6-3) über dem Mittelwert der Datenpunkte. Im Bereich der hohen Belastungen überschreitet die bisher verwendete Modellfunktion (6-3) den Mittelwert der Datenpunkte. Auch in diesem Beispiel bestätigen die Bestimmtheitsmaße der beiden Wartezeitfunktionen die Aussage, dass die neu entwickelte Modellfunktion (6-8) mit dem korrigierten Bestimmtheitsmaß 0.9819 besser zu den Datenpunkten passt als die bisher verwendete Modellfunktion (6-3) mit dem korrigierten Bestimmtheitsmaß 0.9801. In diesem Beispiel wird der optimale Leistungsbereich aus (6-8) im Vergleich zum optimalen Leistungsbereich aus (6-3) nach links verschoben, also genau umgekehrt wie in den anderen Beispielen.

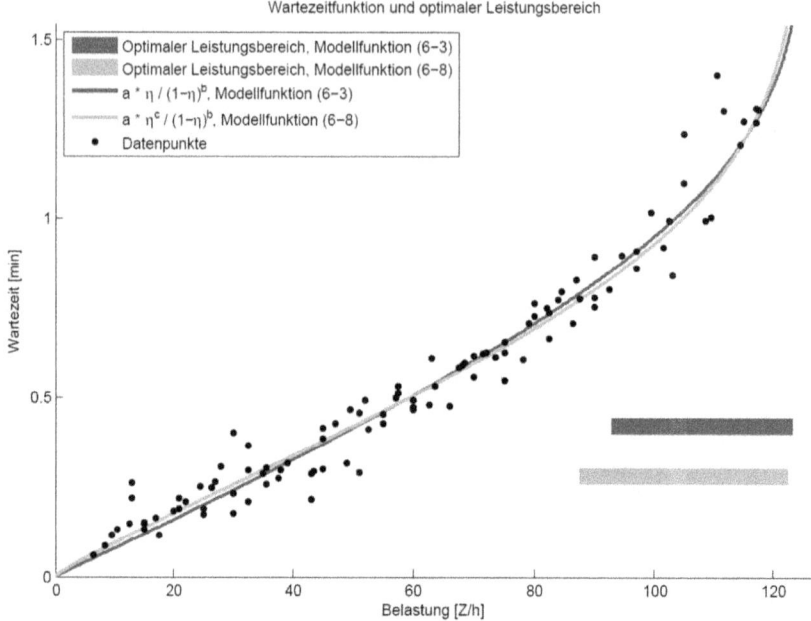

Abbildung 40: Wartezeitfunktion und optimaler Leistungsbereich – Beispiel 4

8.6 Beispiel 5

8.6.1 Infrastruktur und Betriebsprogramm

In diesem Beispiel wird ein realer komplexer Eisenbahnknoten untersucht. Die Infrastruktur beinhaltet insgesamt 45 Betriebsstellen. Außer dem großen Hauptbahnhof des Untersuchungsraums gibt es noch weitere Bahnhöfe von verschiedener Größe für Güter- sowie Reisezüge. Sie sind, wie in Abbildung 41 dargestellt, miteinander verbunden. Das zu untersuchende Betriebsprogramm wird aus der frühen Hauptverkehrszeit entnommen. 69 Züge pro Stunde fahren in der frühen Hauptverkehrszeit des realen Fahrplans. Ein Überblick der Zugfahrten ist in Tabelle 13 dargestellt.

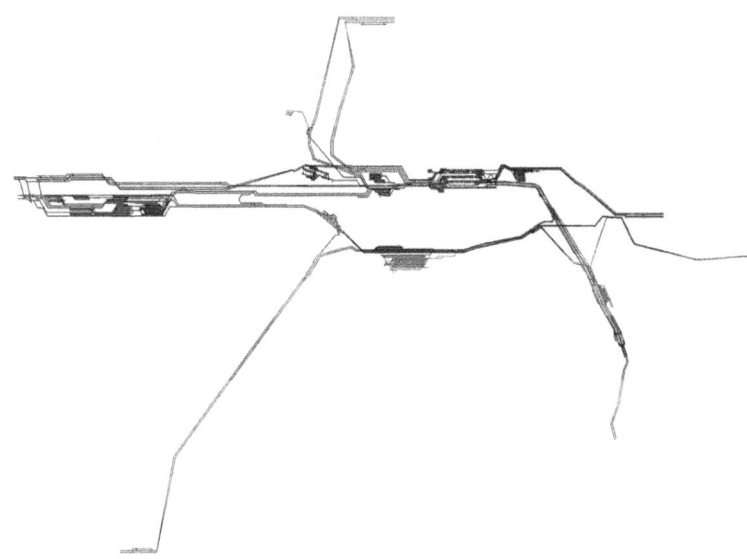

Abbildung 41: Infrastruktur - Beispiel 5

Zuggattung	Belastung [Z/h]
S-Bahn	17
Personennahverkehr	19
Nahgüterzüge	3
Personenfernverkehr	13
Ferngüterzüge	15
Güterzüge	1
Sonderfahrt	1

Tabelle 13: Überblick der Zugfahrten in Beispiel 5

8.6.2 Die maximale Leistungsfähigkeit

Zur Ermittlung der maximalen Leistungsfähigkeit werden insgesamt 96 zufällige Fahrplanverdichtungen generiert. Von 5% bis 240% werden mit der Schrittweite 5% für jede Verdichtungsstufe zwei Fahrplanverdichtungen erstellt. In diesem Beispiel ist zwar der Maßstab der Eingangs- und Ausgangsbelastungen ungefähr so groß wie zuvor, trotzdem sind die Datenpunkte etwas stärker gestreut. Dies liegt daran, dass das Betriebsprogramm in diesem Beispiel weniger homogen ist. Zudem fällt in Abbildung 42 die zweite Gerade im Vergleich zu

Anhang I: Simulationsbeispiele

den bisherigen Beispielen sehr flach aus. Die ermittelte maximale Leistungsfähigkeit beträgt 116,27 [Z/h] (siehe Abbildung 39).

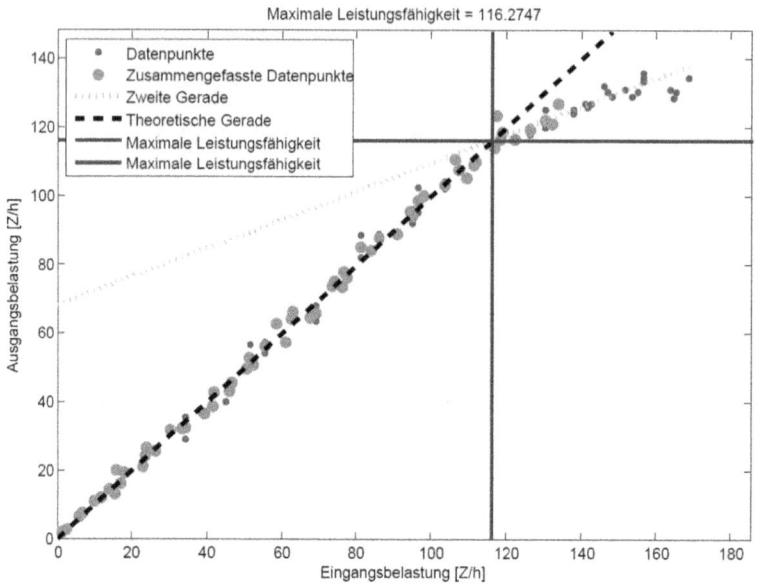

Abbildung 42: Maximale Leistungsfähigkeit – Beispiel 5

8.6.3 Wartezeitfunktion

Abbildung 43 zeigt die bekannte Darstellung der Simulationsergebnisse als Datenpunkte, sowie der beiden Modellfunktionen (6-3) und (6-8). Der durchschnittliche Abstand der Datenpunkte zur Wartezeitfunktion ist im Vergleich zu den Beispielen 2, 3 und 4 relativ groß. Deswegen ist es nicht einfach direkt aus der Graphik zu erkennen, welche Modellfunktion besser zu den Datenpunkten passt. Quantitativ werden die beiden Wartezeitfunktionen durch das korrigierte Bestimmtheitsmaß verglichen. Das korrigierte Bestimmtheitsmaß der bisher verwendeten Modellfunktion (6-3) beträgt an dieser Stelle 0.9583. Im Vergleich dazu ist der Wert bei der neu entwickelten Modellfunktion (6-8) um 0,001 größer, was wiederum bestätigt, dass die neu entwickelte Modellfunktion (6-8) besser als die bisher verwendete Modellfunktion (6-3) zu den Datenpunkten passt. Hierbei wird der optimale Leistungsbereich aus (6-8) im Vergleich zum optimalen Leistungsbereich aus (6-3) wie auch in den Beispielen 1, 2 und 3 nach rechts verschoben.

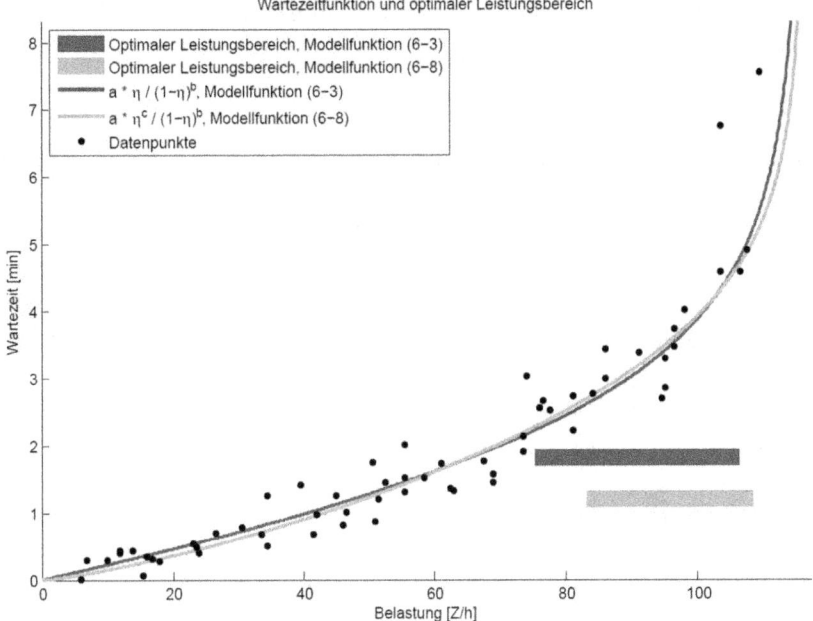

Abbildung 43: Wartezeitfunktion und optimaler Leistungsbereich – Beispiel 5

9 Anhang II: Analyse von Teilfahrstraßenknoten bei Leistungsuntersuchungen

Hintergrund[18]

Zur Ermittlung der Knotenkapazität und Erkennen der Engpässe, werden die infrastrukturbezogenen Kenngrößen Belegungsgrad und Behinderungsgrad untersucht. Für Infrastrukturen mit komplexer Gleistopologie ist die direkte Berechnung der Kenngrößen für die gesamte Infrastruktur nicht zielführend. Deshalb wird die zu untersuchende Infrastruktur in feinere Belegungselemente unterteilt. Bei Leistungsuntersuchungen kann ein Knoten in Fahrstraßenknoten und Gleisgruppen geteilt werden. Für die genaue Lokalisierung der Schwachstellen innerhalb eines Knotens ist eine solche grobe Unterteilung in der Praxis aber oft unzureichend. Bei analytischen Leistungsuntersuchungen kann ein Fahrstraßenknoten in kleinere Netzelemente, sog. Teilfahrstraßenknoten (Abk.: TFK), unterteilt werden. Zur Ermittlung der infrastrukturbezogenen Kenngrößen und bei der Engpassanalyse der Infrastruktur unterliegen die analytischen Verfahren mit Unterteilung der Infrastruktur in TFK jedoch einigen Beschränkungen und stoßen an Grenzen. Im vorliegenden Arbeitspapier werden die Schwächen der analytischen Verfahren mit TFK unter verschiedenen Aspekten diskutiert. Darüber hinaus sind die Vorteile der Unterteilung in Basisstrukturen im Vergleich zu TFK dargestellt.

Analyse der Definition und Abgrenzung von TFK

In diesem Abschnitt werden TFK unter verschiedenen Aspekten analysiert. Zunächst werden die Definition von TFK und das Grundkonzept bei Verwendung der TFK bei Leistungsuntersuchungen diskutiert. Danach werden die Beschränkung und Unvollständigkeit der Abgrenzung von TFK begründet.

Definition von TFK aus DB Richtlinie 405 [DB Netz AG 2008]:

„Begriff aus der analytischen Methode. Er wird so abgegrenzt, dass sich in ihm alle Fahrten eines Fahrtenfolgefalls gegenseitig ausschließen."

9.1 Annahmen bei Leistungsuntersuchungen mit analytischen Verfahren

Bei analytischen Leistungsuntersuchungen werden die Infrastrukturen in TFK unterteilt. Ein TFK wird nach der Bedienungstheorie als einkanalige Bedienungsstelle betrachtet, in dem

---

[18] Der Anhang II: Analyse von Teilfahrstraßenknoten bei Leistungsuntersuchungen wird aus [Martin et al. 2013b] zitiert.

maximal eine Fahrmöglichkeit zu einem Zeitpunkt stattfinden kann. Bei Leistungsuntersuchung mit TFK gibt es folgende Annahmen:

- • Ein TFK umfasst die benachbarten Weichen nach vordefinierten Kriterien. Die Gleise mit Haltepositionen gehören nicht zu den TFK. Nach der Bedienungstheorie sind TFK Bedienungsstellen und Gleise Warteräume. Bei analytischen Verfahren werden die Warteräume als unendlich betrachtet, d.h., es können unendlich viele Züge auf den Gleisen warten. Bei der analytischen Betrachtung bilden jedoch auch die Gleisgruppen selbst eine (mehrkanalige) Bedienstelle. Sind diese Gleisgruppen nicht überlastet, werden die im Verhältnis zu den Bedienstellen der TFK durch die Bedienstellen der Gleisgruppen verursachten geringen Wartezeiten nicht den TFK zugerechnet, auf denen die Züge warten müssen, bevor diese in die betreffende Gleisgruppe einfahren können (vgl. auch [DB Netz AG 2008], Modul 0202, Abschnitt 3, Abs. 7). Diese Vereinfachung reicht je nach Aufgabenstellung und Detaillierungsgrad der Betrachtung aus. Im Rahmen einer detaillierten Engpassanalyse und der damit verbundenen Identifizierung von Ursachen kann die so errechnete Wartezeit jedoch kleiner als die tatsächlich entstehende Wartezeit sein und damit das Ergebnis der Untersuchung verfälschen.

- • Um die Annahme der unendlichen Warteräume zu ermöglichen, sollen im analytischen Modell keine Abhängigkeiten zwischen den TFK bestehen, jeder TFK wird als eigenständiges Bedienungssystem untersucht. Verkettungseffekte zwischen verschiedenen TFK werden demzufolge nicht erkannt.

- Standorte der Hauptsignale werden für die Abgrenzung der TFK nicht berücksichtigt.

9.2 Probleme bei Leistungsuntersuchungen auf der Grundlage von TFK

Mit obengenannten Annahmen gibt es einige Probleme bei der Verwendung von TFK in Leistungsuntersuchungen.

- **Unterschiedliche Abgrenzung der TFK**

Nach der Definition sind TFK einkanalige Bedienungsstellen, auf denen keine gleichzeitigen Fahrtmöglichkeiten für mehrere Züge existieren sollen. Es gibt verschiedene Algorithmen zur Abgrenzung der TFK. Mit laufwegbezogenen Verfahren und fahrstraßenabhängigen Verfahren kann eine Infrastruktur nicht eindeutig abgegrenzt werden, was die Leistungsuntersuchungen wegen ständigem Variantenvergleich erschwert.

In [DB Netz AG 2008] werden folgende Regeln zur Abgrenzung der TFK vorgeschrieben:

a) Weichenanfang an Weichenanfang oder an Kreuzung(sweiche): Die Weichen bzw. Weiche und Kreuzung(sweiche) gehören zu denselben TFK

b) Weichenanfang an Weichenende: Die Weichen gehören zu denselben TFK

c) Weichenende an Weichenende und abzweigende Stränge in verschiedene Richtungen: Die Weichen gehören zu verschiedenen TFK

d) Weichenende an Weichenende und abzweigende Stränge in dieselbe Richtung ohne Ausschluss im Nachbargleis: Die Weichen gehören zu verschiedenen TFK

e) Weichenende an Kreuzung(sweiche) ohne Ausschluss im Nachbargleis: Die Weichen gehören zu verschiedenen TFK

f) Weichenende an Weichenende und abzweigende Stränge in dieselbe Richtung mit Ausschluss im Nachbargleis: Die Weichen gehören zu denselben TFK

g) Weichenende an Kreuzung(sweiche) mit Ausschluss im Nachbargleis: Die Weichen gehören zu denselben TFK

Die theoretische Grundlage bildet die Dissertation von [Vakhtel 2002], in der ein Algorithmus zur eindeutigen infrastrukturbezogenen Abgrenzung der TFK entwickelt wurde.

- **Beschränkung der infrastrukturbezogenen Abgrenzung der TFK**

Bei infrastrukturbezogener Abgrenzung der TFK nach dem Verfahren von [Vakhtel 2002] kann ein TFK sehr große Weichenbereiche abdecken (siehe Beispiel in Abbildung 44 was die zielgenaue kleinräumigere Lokalisierung von Engpässen unmöglich macht.

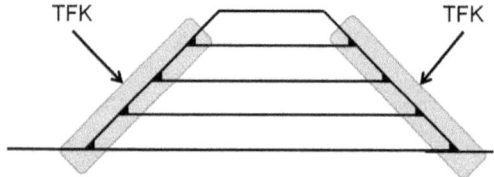

Abbildung 44: Abgrenzung der TFK nach dem Verfahren von [Vakhtel 2002]

- **Unvollständigkeit bei Abgrenzung der TFK**

Ein weiterer Mangel der TFK liegt darin, dass bei der Abgrenzung der TFK keine Teilfahrstraßenauflösung berücksichtigt wird, was aber die Belegungen der Belegungselemente stark beeinflussen kann. Für die Gleistopologie des Beispiels in Abbildung 45 gehören die

Kreuzung k1 und Weiche w1 zu einem TFK und werden bei analytischen Leistungsuntersuchungen als eine einkanalige Bedienungsstelle behandelt. Unter Berücksichtigung von Teilfahrstraßenauflösung kann im realen Eisenbahnbetrieb die Kreuzung k1 für die Fahrt B freigegeben werden, wenn der Zug bei Fahrt A den Auflösekontakt d1 passiert, d. h., es existiert die Möglichkeit, dass zwei Fahrten zu einem Zeitpunkt in dem TFK durchgeführt werden, was nicht mit der dem TFK zugrunde liegenden Annahme übereinstimmt. Der Effekt der Teilfahrstraßenauflösung wird zwar durch eine verkürzte Mindestzugfolgezeit einbezogen, vermindert dadurch aber lediglich den verketteten Belegungsgrad für den gesamten TFK. Eine detaillierte Aufschlüsselung der tatsächlich vorliegenden (Einzel-)Belegungen in den durch den Auflösekontakt d1 getrennten Teilen des TFK kann bei den analytischen Verfahren nicht vorgenommen werden.

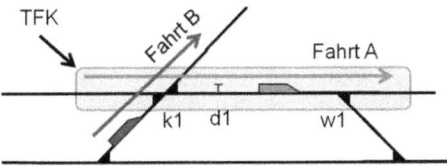

Abbildung 45: Fahrtmöglichkeiten im TFK

Beispiel der unterschiedlichen Unterteilungen

Für das in DB Richtlinie 405 [DB Netz AG 2008] dargestellte Beispiel wurden mögliche Signale und Zugschlussstellen eingegeben. Dadurch können für dieses Beispiel die Basisstrukturen erstellt werden. Die Unterteilung des Beispiel-Spurplans in TFK wird in Abbildung 46 dargestellt. Die entsprechende Unterteilung in Basisstrukturen für denselben Spurplan wird in Abbildung 47 dargestellt.

Anhang II: Analyse von Teilfahrstraßenknoten bei Leistungsuntersuchungen

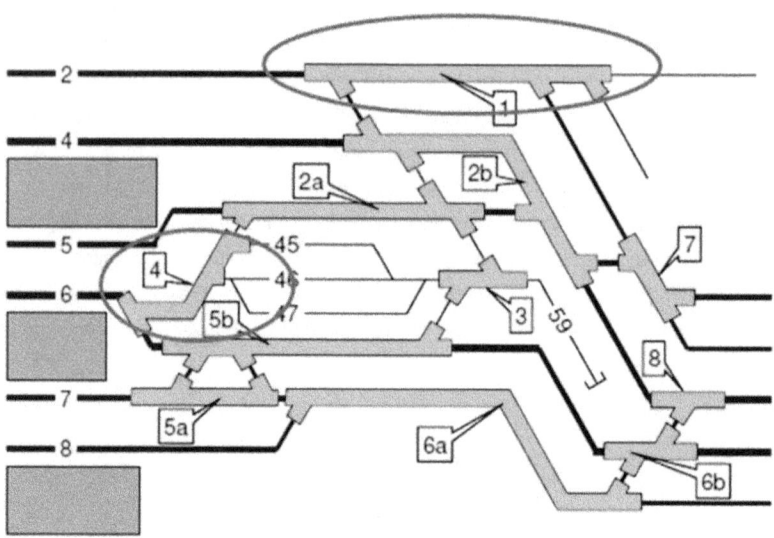

Abbildung 46: TFK des Spurplans [DB Netz AG 2008]

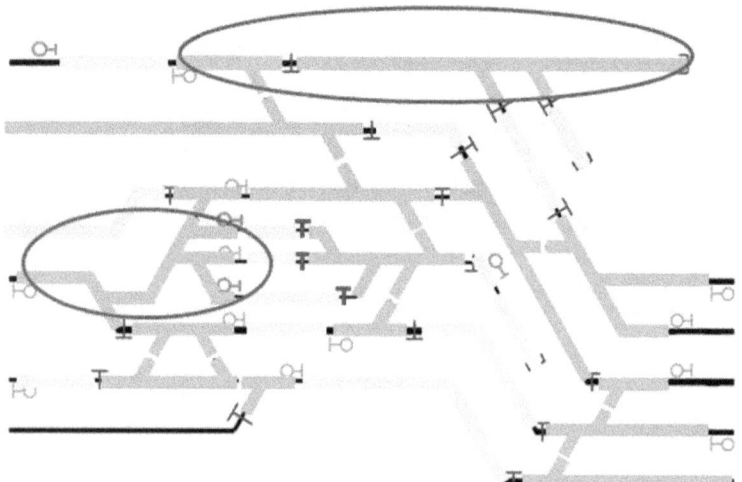

Abbildung 47: Basisstrukturen des Spurplans

9.3 Schlussfolgerung

Aus den ausführlich erläuterten Argumenten wird deutlich, dass eine Unterteilung der Infrastruktur in Gleisgruppen und Teilfahrstraßenknoten für eine detaillierte Engpassanalyse mit der Option einer Ursachenerkennung nicht ausreichend ist. Dementsprechend wird in diesem Zusammenhang die neu entwickelte Unterteilung in Basisstrukturen angewendet.

Formelzeichen

A	Ankunftsprozess der Anforderung eines Wartesystems
$abs(r)$	Absolut von r
A_i	Ausgangsbelastung des i-tes Datenpunktes
α	Irrtumswahrscheinlichkeit
$a, b, a_i, b_i, c_i, \alpha_j$	Parameter der Modellfunktion für die Wartezeitfunktion
B	Bedienprozess der Anforderungen eines Wartesystems
$B_{bef}(\eta)$	Beförderungsenergie
b_r, b_k	Wahrscheinlichkeit, dass r (bzw. k) Anforderungen während der Bedienung der n-ten Anforderung eingetroffen sind
$b(s)$	Erzeugende Funktion von b_k
B_V	Verteilungsfunktion der Bedienungszeit eines Wartesystems
c	Konstante, Hilfswert
$c_A{}^2, c_B{}^2$	Variationskoeffizient des Ankunfts- (A) und Bedienprozesses (B)
D	Konstante (Deterministic Distribution)
d_i	Abstand zwischen i-ten Datenpunkt und der Gerade $y = x$
Δt_B	Abweichung der Belegungszeit
Δt_{BDispo}	Abweichung der Belegungszeit wegen der Disposition
$E1$	Einfahrblock eines Untersuchungsraums
e	Tolerierbaren Fehler des Parameters
E_i	Eingangsbelastung des i-tes Datenpunktes
ET_F	Durchschnittliche Beförderungszeit
$ETw(\eta)$	Erwartungswert der Wartezeitfunktion
η	Auslastungsgrad
$\vec{f}$	Vektor der Modellfunktionswerte bzgl. alle Messewerte x_i

$F(X)$	Verteilung der Zufallsvariable X
$f_j(x)$	Funktion bzgl. des Parameters α_j
FIFO	Warteschlangendisziplinen: first-in, first-out
$g1, g2$	Zwei Gerade der Modellfunktion zur Ermittlung der Maximale Leistungsfähigkeit
h	Leverage-Wert der Anpassung
λ	Ankunftsrate eines Wartesystems
M	Exponentialverteilung (Markovian Distribution)
μ	Bedienrate eines Wartesystems
n	Anzahl der der parallelen Bedienungsstellen eines Wartesystems
n_1	Zugzahl in einer Zeitscheibe
n_G	Gesamte erwünschte Zugzahl im Simulationszeitraum bei der Fahrplanverdichtung
n_R	Restliche Zugzahl außerhalb der ganzen Zeitscheiben
n_Z	Anzahl der Zeitscheibe im Simulationszeitraum
p_g	Datenpunkte, deren Ausgangsbelastung signifikant kleiner als die Eingangsbelastung ist
P_i, P_k	i-ten (bzw. k-ten) Datenpunkt
q	Quasi-maximale Leistungsfähigkeit
q_k	Wahrscheinlichkeit, dass die Länge der Warteschlange unmittelbar nach der Bedienung der n-ten ($n \to \infty$) Anforderung gleich k ist
$q(s)$	Erzeugende Funktion von q_k
r	Hilfswert zur Bestimmung der bisquare-Gewichtungsfunktion
$\bar{R}^2$	Korrigiertes Bestimmtheitsmaß
S	Anzahl der Warteplätze im Warteraum eines Wartesystems
$S_{rel}(\eta)$	Relative Empfindlichkeit

Formelzeichen

σ	Standardabweichung
t_{BBlock}	Geplante Sperrzeit auf einer Strecke
$t_{BBlock,schnell}$	Geplante Sperrzeit auf einer Strecke von einem schnellen Zug
t_{BPlan}	Geplante Sperrzeit auf einer Strecke oder einer Weiche
$t_{BPlan,schnell}$	Geplante Sperrzeit auf einer Strecke oder einer Weiche von einem schnellen Zug
$t_{BPlan,langsam}$	Geplante Sperrzeit auf einer Strecke oder einer Weiche von einem langsamen Zug
$t_{BWeiche}$	Geplante Sperrzeit auf einer Weiche
$t_{BWeiche,schnell}$	Geplante Sperrzeit auf einer Weiche von einem schnellen Zug
U	Eine Menge der Datenpunkte, deren Eingangsbelastung kleiner als die Quasi-maximale Leistungsfähigkeit
$V(X)$	Varianz von der Zufallsvariable der gesamten erwünschten Zugzahl im Simulationszeitraum
$V_Z(X)$	Varianz von der Zufallsvariable der erwünschten Zugzahl in einer Zeitscheibe
WD	Warteschlangendisziplin des Bediensystems eines Wartesystems
$w_{bisquare}$	bisquare-Gewichtungsfunktion
X_i	Zufallsvariable der Zugzahl in der i-ten Zeitscheibe
X_n	Länge der Warteschlange unmittelbar nach der Bedienung der n-ten Anforderung
Y_n	Anzahl der während der Bedienung der n-ten Anforderung eintreffenden Anforderungen eines Wartesystems
Z_n	Bedienungszeit der n-ten Anforderung eines Wartesystems

Literaturverzeichnis

[Allen 1978] *Allen, A. O.*: Probability, Statistics, and Queueing Theory. Academic Press, London, 1978.

[Anderson et al. 2011] *Anderson, D. R.; Sweeney, D. J.; Williams, T. A.*: Statistics for Business and Economics. South-Western Cengage Learning, 2011.

[Arbeitsgruppe "Leistungsuntersuchungen Bahnanlagen" 1994]
Arbeitsgruppe "Leistungsuntersuchungen Bahnanlagen": Leistungsuntersuchungen von Eisenbahnbetriebsanlagen durchführen: Teilheft 01. Einführung in die Problematik, Grundlagen. Deutsche Bahn, Geschäftsbereich Netz, 1994.

[Björck 1996] *Björck, A.*: Numerical Methods for Least Squares Problems. SIAM, Philadelphia, 1996.

[Bungartz et al. 2008] *Bungartz, H.-J.; Zimmer, S.; Buchholz, M.; Pflüger, D.*: Modellbildung und Simulation. Springer, Berlin Heidelberg, 2008.

[Chu 2013] *Chu, Z.*: Effect of the transient phase by means of simulation method. IT13.rail, ETH Zürich, 2013.

[Chu & Martin 2012] *Chu, Z.; Martin, U.*: Dynamisierung von Zeitscheiben in Betriebsprogrammen bei Leistungsuntersuchungen. Eisenbahntechnische Rundschau, 61 (2012), 05, S. 40-45.

[Conn et al. 2000] *Conn, A. R.; Gould, N. I. M.; Toint Philippe L.*: Trust Region Methods. SIAM, Philadelphia, 2000.

[DB Netz AG 2008] *DB Netz AG*: Richtlinie 405 Fahrwegkapazität: Gültig ab 01.01.2008, 2008.

[Hertel 1992] *Hertel, G.*: Die maximale Verkehrsleistung und die minimale Fahrplanempfindlichkeit auf Eisenbahnstrecken. Eisenbahntechnische Rundschau 41 (1992), 10, S. 665–671.

[Internationaler Eisenbahnverband (UIC) 2004]
Internationaler Eisenbahnverband (UIC): UIC-Kodex 406 E: Kapazität (Übersetzung), Paris, 2004.

[Janecek et al. 2010]	Janecek, D.; Weymann Frédéric; Schaer, T.: LUKS – integriertes Werkzeug zur Leistungsuntersuchung von Eisenbahnknoten und – strecken. Eisenbahntechnische Rundschau 59 (2010), 01+02, S. 25–32.
[Jarre & Stoer 2004]	Jarre, F.; Stoer, J.: Optimierung. Springer, Berlin Heidelberg New York, 2004.
[Jochim 1999]:	Jochim, H.: Verkehrswirtschaftliche Ermittlung von Qualitätsmaßstäben im Eisenbahnbetrieb. Aachen, 1999.
[Kleinrock 1991]	Kleinrock, L.: Queueing System Band 1: Theory. Wiley, New York, 1991.
[Kohn 2004]	Kohn, W.: Statistik: Datenanalyse und Wahrscheinlichkeitsrechnung. Springer, 2004.
[Lindner 2009]	Lindner, T.: Empfehlungen zur Weiterentwicklung der UIC-Richtlinie 406 - Probleme, Lösungsmöglichkeiten und Grenzen des analytischen Kompressionsverfahrens zur Leistungsuntersuchung. ZEVrail Glasers Annalen 133 (2009), Sonderheft Fahrweg 11-12, S. 510–519.
[Ludwig 1990]	Ludwig, D.: Beitrag zur Leistungs- und Qualitätssicherung von Streckenfahrplänen der Eisenbahn. Dissertation. Dresden, 1990.
[Martin et al. 2005]	Martin, U.; Dobeschinsky, H.; Breuer, P.; Haderer, M.; Sonnenberg, N.: Vergleich der Leistungsfähigkeiten und des Leistungsverhaltens des neuen Durchgangsbahnhofes (S21) und einer Variante umgestalteter Kopfbahnhof (K21) im Rahmen der Neugestaltung des Stuttgarter Hauptbahnhofes: Abschlussbericht (unveröffentlicht), Stuttgart, 2005.
[Martin et al. 2007]	Martin, U.; Schmidt, C.; Dobeschinsky, F.; Storm, N.: Leistungsuntersuchung Pragsatteltunnel: Abschlussbericht (unveröffentlicht), Stuttgart, 2007.
[Martin et al. 2008]	Martin, U.; Li, X.; Schmidt, C.: PULEIV Projektbericht: Allgemeingültiges Verfahren zur praxisorientierten Bestimmung des Leistungsverhaltens von Eisenbahninfrastrukturen (unveröffentlicht). Im Auftrag der DB Netz AG, 2008.

[Martin et al. 2013a]	*Martin, U.; Chu, Z.; Hantsch, F.; Cui, Y.*: Leistungsuntersuchung für die großen Eisenbahnknoten: Abschlussbericht (unveröffentlicht). Stuttgart, 2013.
[Martin et al. 2013b]	*Martin, U.; Chu, Z.; Li, X.; Hantsch, F.; Cui, Y.*: Bahnhofskapazität, RePlan AP4: Abschlussbericht (unveröffentlicht). Stuttgart, 2013.
[Martin & Cui 2013]	*Martin, U.; Cui, Y.*: Entwicklung eines Algorithmus für die Kalibrierung von Modellen zur Betriebssimulation in spurgeführten Verkehrssystemen unter Berücksichtigung stochastischer Bedingungen. DFG-Projekt mit Förderkennzeichen „MA 2326/9-1", Stuttgart, 2013
[Nießen 2008]	*Nießen, N.*: Leistungskenngrößen für Gesamtfahrstraßenknoten. Aachen, Dissertation. 2008.
[Oetting 2005]	*Oetting, A.*: Physikalische Maßstäbe zur Beurteilung des Leistungsverhaltens von Eisenbahnstrecken. Dissertation. Aachen, 2005.
[Pachl 2011]	Pachl, Jörn: *Systemtechnik des Schienenverkehrs*. 6. Auflage: Vieweg+Teubner, 2011.
[Potthoff 1969]	*Potthoff, G.*: Die Bedienungstheorie im Verkehrswesen. Transpress, Verl. für Verkehrswesen, Berlin, 1969.
[RMCon 2005]	*RMCon*: Handbuch RailSys 4.0: Fahrplan-und Infrastrukturmanagement v1.0, Hannover, 2005.
[RMCon 2010]	*RMCon*: Handbuch RailSys 7.0, Hannover, 2010.
[Schmidt 2009]	*Schmidt, C.*: Beitrag zur experimentellen Bestimmung der Wartezeitfunktion bei Leistungsuntersuchungen im spurgeführten Verkehr. Dissertation. Stuttgart, 2009.
[Schwanhäußer 1978]	*Schwanhäußer, W.*: Die Ermittlung der Leistungsfähigkeit von großen Fahrstraßenknoten und von Teilen des Eisenbahnnetzes. AET 33 (1978), S. 7–18.
[Schwanhäußer 2009]	*Schwanhäußer, W.*: Wirtschaftlich und betrieblich optimale Zugzahlen auf Eisenbahnstrecken. Eisenbahntechnische Rundschau 58 (2009), 9, S. 488–495.
[Takagi 1991]	*Takagi, H.*: Queueing Analysis: A Foundation of Performance Evaluation. North-Holland, Amsterdam, 1991.

Literaturverzeichnis

[Vakhtel 2002]   *Vakhtel, S.*: Rechnerunterstützte analytische Ermittlung der Kapazität von Eisenbahnnetzen. Dissertation. Aachen, 2002.

[Walk 2007]   *Walk, H.*: Stochastische Prozesse. Unveröffentlichtes Manuskript, Universität Stuttgart, 2007.

[Wendler 1999]   *Wendler, E.*: Analytische Berechnung der planmäßigen Wartezeiten bei asynchroner Fahrplankonstruktion (Diss.). Veröffentlichungen des Verkehrswissenschaftlichen Instituts der Rheinisch-Westfälischen Technischen Hochschule Aachen, Heft 55, Aachen 1999

[Wendler 2011]   *Wendler, E.*: Werkzeuge zur Berechnung von Streckenkapazitäten. Deine Bahn, 40 (2011) 12, S. 8-13

www.ingramcontent.com/pod-product-compliance
Lightning Source LLC
Chambersburg PA
CBHW070259230526
45470CB00002B/646